博士带你玩爬行动物

《知识就是力量》杂志社 编

科学普及出版社

·北京·

目录 Contents

巨龙归来

撰文 / 江泓

好莱坞科幻冒险电影《侏罗纪世界》再次掀起了人们探知恐龙的热潮。说起侏罗纪，大家最常见也最熟知的便是"大块头"的雷龙。尽管声名在外，但是雷龙的生平却是相当富有戏剧性，它经历了发现命名—命名无效—命名有效的曲折过程，其中又夹杂着许多有趣的故事。

还原雷龙的故事

距今1.5亿年前的北美洲西部，开阔的平原上所有的东西都暴露在强烈的阳光之下。几棵小松树下，一只孤零零的小雷龙正在觅食。正当小雷龙忙着吃东西时，它看到两只异特龙一前一后向这边走来。异特龙是这片平原上的顶级掠食者，它们的体长可达9米，体重约2吨，能够轻易地杀死小雷龙。

看到不断靠近的异特龙，小雷龙吓得一动不动，借着身上的保护色，它很好地与周围环境融为一体。尽管暂时安全，但是当异特龙靠得足够近时，它们还是会辨认出小雷龙。就在生死之际，不远处突然传来了阵阵隆隆声，很快一群巨大的恐龙出现在平原上。这群恐龙长有小脑袋、长脖子、强壮的身体和四肢，还有身后的长尾巴，它们是一群成年雷龙！雷龙群的出现吸引了异特龙的注意力，它们改变方向朝大群恐龙走去，小雷龙暂时安全了。

雷龙群中领头的几只大家伙看到异特龙的靠近变得紧张起来，它们伸直脖子发出响亮的吼叫以警告群体中其他成员有危险。很快其他雷龙也开始叫起来，其中老年和幼年个体躲到了强壮个体的后面，它们加快了脚步想要赶快离开这里。几只强壮的雷龙挡在异特龙面前，它们甩动着身后细长的尾巴，尾巴末梢甩得像鞭子一样在空气中啪啪作响。

异特龙非常清楚雷龙尾巴的厉害，被抽到的话肯定会皮开肉绽，它们站在安全距离之外观察着移动的恐龙群，想要找到下手的好机会。雷龙们用尾巴编织成了一道无法被攻破的"鞭墙"，异特龙根本绕不过去。就这样僵持了一会儿，异特龙明白它们是不可能威胁到雷龙的，

于是两只异特龙转身离开了。

看到异特龙与雷龙群之间的对峙，小雷龙明白，想要在这个危机四伏的世界活下来就必须得到群体的保护。它从藏身处跑了出来，一边叫着一边追赶着雷龙群。领头的雷龙听到了小雷龙的叫声，它停了下来转头看着从后面追上来的小家

○ 早期关于雷龙的复原图，它们是非常巨大的动物

○ 美国发行的雷龙邮票

伙，其他的雷龙也纷纷转过头。当小雷龙靠近群体后，领头的雷龙走过来低头看了看小雷龙，然后用粗壮的脖子蹭了蹭这个小家伙，这表示它被群体接纳了。

当雷龙群再次前进时，小雷龙已在群体之中了，它会慢慢融入大家并成为重要成员。有了群体的保护，小雷龙才有机会长大并且看遍这个神奇的世界。

TIPS: 雷龙

雷龙生活在距今1.5亿年前至1.45亿年前晚侏罗纪的北美洲西部，它的化石发现于美国的科罗拉多州、俄克拉荷马州、犹他州、怀俄明州，地层位于莫里森组的第二至第六地层带，地质年代为上侏罗统的启莫里奇阶。雷龙曾经与许多著名的恐龙生活在一起，包括肉食性的蛮龙、异特龙、角鼻龙、嗜鸟龙，还有植食性的腕龙、梁龙、圆顶龙、剑龙、橡树龙，等等。

戏剧性的生平

雷龙的故事要从19世纪70年代讲起，当时的美国刚刚结束了残酷的内战，百废待兴。古生物学开始蓬勃发展，涌现出了一批著名的古生物学家，其中就包括奥塞内尔·马什（Othniel Marsh）和爱德华·柯普（Edward Cope）。柯普因为马什当众指出他指导装架的蛇颈龙把头骨装倒了而与对方结怨，之后两人之间上演了一场以发现更多的古生物来进行较量的"化石大战"。

马什和柯普投入大量金钱和精力组建了听命于自己的化石挖掘团队，很快他们在美国西部发现了大量的化石。1879年，马什的挖掘团队在怀俄明州的科莫崖发现了巨大的恐龙化石，喜出望外的马什将这种恐龙命名为雷龙，属名来自希腊语中的"βροντη"和"σαῦρος"，意思是"雷声蜥蜴"，因为马什相信这种巨大的恐龙在行走时能够发出如同雷声般的巨大响声！雷龙的种名为秀丽雷龙（B. excelsus），原意是"数量超过"，因为其荐椎骨数量比其他恐龙要多。

命名雷龙之后，马什在各大报

刊中绘声绘色的描述，让雷龙成了人们心中的大明星："我们惊奇地发现了这种巨大的恐龙，它身体笨重、四肢发达，有长长的脖子和尾巴。这种恐龙重达 30 ～ 35 吨，而体长为 21 ～ 27 米，它的脖子比身体长，竟达 6 米！它的尾巴大约长达 9 米。它可以用脚后跟支撑而站立起来……它可能生活在平原与森林中，并成群结队而行……"

○ 雷龙的脑袋是又扁又平的，牙齿非常小

马什后来在组装骨架的时候却遇到了问题。虽然发现了很多化石，但是缺了最重要的头部，于是马什给雷龙装上了圆顶龙的头部。1899年，顶着圆顶龙头部的雷龙骨架在耶鲁大学的皮博迪自然历史博物馆中展出。就在同一年，马什去世。

○雷龙的命名者马什

TIPS: 超级大块头

雷龙是典型的巨型恐龙，成年个体体长22米、高4.5米，重达15吨。它头部较小，外形扁平，眼睛长在后部隆起的头顶。它嘴中长有上下两排细长呈棒状的小牙齿，由于牙齿比较脆弱，它的主要食物是细嫩的植物叶子。与常见的具有细长脖子的蜥脚类恐龙不同，雷龙的脖子不仅长而且特别宽，由15块颈椎骨连接而成，宽大的颈椎增加了脖子的重量。在它的身体两侧长有四条如同柱子般结实有力的腿，雷龙正是靠着这四条腿行动。它身后长有一条超长的尾巴，其长度几乎占了体长的一半，这条尾巴由82块尾椎骨组成，尾巴又细又长而且特别灵活。研究人员曾经利用计算机模拟过雷龙尾巴的运动，他们发现当这条长尾巴在空气中运动时，能够产生高达200分贝的声音！尾巴是雷龙的重要防御武器。

○马什绘制的雷龙骨架，其姿态在今天看来是错误的

○ 今天矗立在博物馆中的雷龙化石，旁边的恐龙包括了弯龙、圆顶龙和剑龙，它们都是与雷龙生活在同时代的恐龙

为雷龙正名

1903 年，古生物学家埃尔默·里格斯（Elmer S. Riggs）在研究了博物馆中的化石后指出雷龙和同样由马什命名的迷惑龙非常接近，应该是同一种动物。既然是同一种动物，那只能保留一个名字，

按照国家动物命名委员会的规定，最早命名的迷惑龙具有命名权。尽管雷龙就这么"消失"了，但是由于它的命名好听又好记，人们在被问起时还是会不假思索地回答："雷龙！"

虽然已经被并入迷惑龙，但是陈列于皮博迪自然历史博物馆中的那具化石还顶着其它恐龙的头部呢。经过几十年的发现和研究，直到 20 世纪 70 年代，古生物学家才确定它的头部应该像迷惑龙那样较为扁宽，牙齿呈细长的棒状。就在找回自己头部的同时，一些古生物学家坚持认为雷龙是独立的物种，但是大部分人并不接受他们的观点。

时间到了 2010 年，来自葡萄牙新里斯本大学的伊曼纽尔·特绍普（Emanuel Tschopp）、奥克塔维奥·马特乌斯（Octavio Mateus）和来自英国牛津大学地球科学学院的罗杰·班森（Roger B.J. Benson）组成了一个研究团队，团队计划通过测量 15 年来发现的蜥脚类恐龙化石对整个蜥脚亚目恐龙进行系统发育学方面的研究分析。要想研究分布在各大博物馆库房中的化石可是一项巨大的工程，研究团队用了足足 5 年的时间跑遍了欧洲和北美洲的博物馆，他们一共测量分析了 81 具化石。经过大量的数据整理分析之后，研究团队排列出了关于蜥脚亚目恐龙的 477 个生理学特征，这些特征

上的差异足以证明雷龙和迷惑龙是两种不同的恐龙。

2015 年 4 月 7 日，特绍普等人在最新的学术刊物《Peer J》上发表了一篇名为《梁龙科的系统发育分析与分类学修正（恐龙，蜥脚类）》的论文，这篇长达 298 页论文的核心便是雷龙重新变成了有效属，也就是说雷龙"复活"啦！雷龙属下现在有三个种，分别是：秀丽雷龙、小雷龙及胸饰雷龙。

从雷龙被马什命名到今天，已经过去了 130 多年，这恰恰是一只老年雷龙的寿命。在这漫长而又短暂的 130 年中，古生物学及自然科学一直在迅猛发展之中，雷龙在经历了起起伏伏之后终于又回来啦。

○ 除了发现雷龙的化石，古生物学家还发现了疑似属于雷龙的脚印

重返侏罗纪

撰文 / 苗若玖

永远不可能的"侏罗纪公园"

1985 年，美国提出了"人类基因组计划"，运用当时最前沿的生物学和化学成果，力图绘制出人类的基因图谱。这项科研计划，带动了生命科学诸多领域的发展。一部分具有前瞻性的人士，开始思考"复活"灭绝动物、人工制造混合基因动物甚至人造生命的可能性。

但以今天的生命科学知识来看，诞生于 20 多年前的电影《侏罗纪公园》，有着些许难以回避的"硬伤"。按照影片设定，《侏

罗纪公园》里"复活"恐龙所用的遗传物质，取自于蚊虫叮咬恐龙后留在体内的恐龙血液，而这些远古昆虫，又来自多米尼加某地的琥珀。"侏罗纪世界"的游客中心和科研机构里，也陈设着大量的琥珀，以示公园经营者"不忘初心"。

在 20 世纪 90 年代，确实曾有很多人认为琥珀是完美的"保鲜膜"，可以让动物的遗传物质跨越几千万年时光抵达现代。但现代生命科学研究已经证明，DNA 的半衰期为 521 年。也就是说，每过 521 年，脱氧核糖核苷酸之间的化学键就会断裂一半。

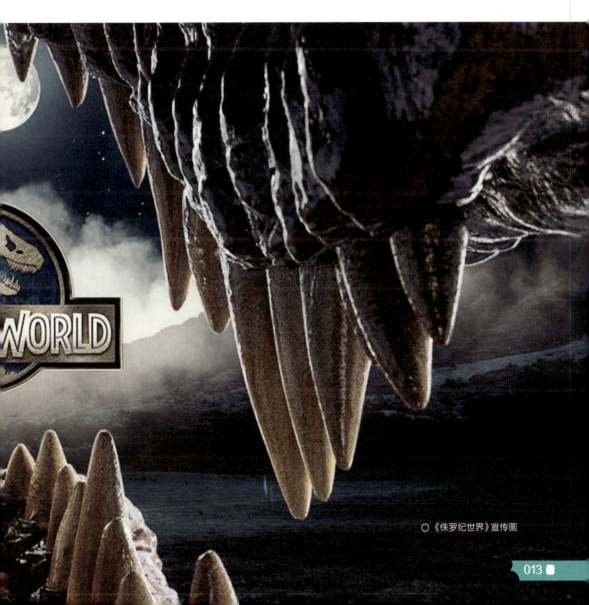

○ 《侏罗纪世界》宣传画

就算将遗传物质保存在零下5℃的最理想条件下，它也最多能挺过不到700万年时间。事实上，只需要经过150万年左右的时间，这些化学键就会破碎到完全无法解读的地步。然而众所周知，最后一批恐龙消失于6500万年前。

"经典形象"见证古生物学发展

得益于电影特技的进步，《侏罗纪公园》呈献给观众更为逼真的恐龙形象。从第1部《侏罗纪公园》开始，动作灵敏迅捷而且极具攻击性的伶盗龙（旧译"迅猛龙"），就因其群体协作捕猎的"高智商"而引人注目。根据恐龙的体型和大脑容量之比的计算，并参考现代爬行动物进行的综合计算研究，古生物学家认为伶盗龙一类的小型肉食恐龙，可能是恐龙中最"聪明"的成员。一些古生物学家和科幻作家甚至猜想，假如恐龙没有灭绝，那么小型肉食恐龙中最具智慧的某一

○《侏罗纪世界》中的男主角驯养伶盗龙（迅猛龙）

里，大量带有羽毛的恐龙化石被发现，揭示了鸟类与恐龙之间千丝万缕的联系。比如说，2004 年的寐龙，就以类似于现代鸟类的睡眠姿势，从动物行为学角度揭示了鸟类进化自恐龙的事实。对伶盗龙的研究和重新复原也表明，它们身上同样是披有羽毛的。

但在《侏罗纪世界》里，伶盗龙仍然维持着 20 多年前的复原形象。对于一部带有些许恐怖色彩的科幻电影来说，"光秃秃"的伶盗龙确实更有利于营造惊悚气氛。事实上，这个"过时"的设定，恰恰让人们得以回望古生物学在这 20 多年间走过的路。

类似的情况，也出现在《侏罗

支，比如伤齿龙，很有可能进化成为智慧生物。

在人类研究恐龙的大约两个世纪里，恐龙曾长期被认为是丑陋的、冷冰冰的动物。但在 1996 年，中华龙鸟化石在中国辽宁省被发现。这一物种曾被认为是鸟类，但随后的研究表明它是一种小型肉食恐龙。这一划时代的发现让人们开始意识到，羽毛并非鸟类的专利，还可能为一部分小型肉食恐龙所拥有。

从那时直到今天的将近 20 年

○ 寐龙的化石标本

○ 体型最粗壮、最著名的食肉恐龙——霸王龙

纪公园3》中的主角棘龙身上。由于世界上最好的棘龙化石为德国所有，并在第二次世界大战期间毁于战火，因此对棘龙的研究多年来难有进展。目前的研究表明，棘龙很可能是一种半水栖恐龙，像鳄鱼一样"水陆通吃"，但并不总是需要以暴力搏斗来捕食。因此，《侏罗纪公园3》里棘龙杀死霸王龙的桥段，就有些盲目追求视觉效果的嫌疑。而这个桥段所引起的争议，正反映出古生物学界对棘龙研究的瓶颈。

海洋爬行动物的迷思

在《侏罗纪世界》里，无论是鲨鱼、翼龙、人类，还是影片中无比凶猛的混合基因恐龙"暴虐霸王龙"，最终都进了凶猛的海洋爬行动物沧龙的可怕大嘴。近几年，与恐龙同时代的海洋爬行动物，比如蛇颈龙、鱼龙、滑齿龙和沧龙，正在逐渐引起人们的关注。但随着研究的深入，它们也给古生物学界带来了更多的谜题。

最简单的问题是，海洋爬行动物中的顶级掠食者，比如侏罗纪中期的滑齿龙和白垩纪中晚期的沧

○ 滑齿龙化石标本

滑齿龙复原图

龙，究竟能长到多大。理论上讲，由于海水的浮力作用，加之没有捕食者，和爬行动物可以终生生长的特性，沧龙和滑齿龙都可以长得很大；但由于缺乏化石证据，某些古

○ 电影《侏罗纪世界》中，人与恐龙对战的情景

生物纪录片中的某些数据又会带有一定的猜想性质。比如说，对滑齿龙长25米、重150吨的描述，就曾引起不少观众的质疑。

《侏罗纪世界》里的沧龙也存在类似的问题。已有的化石记录表明，沧龙是那个时代海洋中的顶级掠食者，这意味着它甚至很可能会以白垩刺甲鲨为食，而后者又在海洋中扮演着类似今天大白鲨的角色。因此，影片中以鲨鱼喂食沧龙的桥段，或许就是基于这一研究成果来设计的。但可以确定的是，根据目前的证据，沧龙很可能无法生长到足以吞下一头成年霸王龙的尺寸。《侏罗纪世界》里的沧龙形象，很大程度上建立于猜想之上，而这也说明，对海洋古爬行动物的研究，仍然有不少潜力可以挖掘。

控制与本能是永远的矛盾

在《侏罗纪公园》系列电影中，就有一条连续的主线——人类尝试对其他生命进行控制与驯服。而生命自由生长的本能，决定了这种控制极有可能因为最小的纰漏而归于失败。

《侏罗纪公园》里，所有恐龙都被人工选择为雌性，并有意设置基因缺陷，必须连续服食某种药物方能存活。但人类的设想并没成真，最终恐龙完全失控。而在《侏罗纪世界》里，野心的投资人和科研团队竟然创造出了混合多种生物基因的"暴虐霸王龙"，试图以此取悦观众。却不想，这头恐龙不仅智慧超群，还"心理变态"，嗜杀成性，唯有霸王龙能与之对决。

从这头"人造恐龙"诞生的那一刻起，"侏罗纪世界"主题公

园的悲剧性命运就已经注定。因为，参与其中的每一个人，都因为现代科技的伟力，忘记或者忽视了生命本能的强大。两个落难的孩子逃进老侏罗纪公园的废墟，发现自然环境几乎已经褪去了人类活动的所有痕迹；在影片结尾，幸存的霸王龙攀上了已成为废墟的直升机停机坪，对天空发出怒吼。所有这些场景，都不免引人深思：热带炎热多雨的气候，很快会埋没原本不属于这里的人工造物，而恐龙却有可能在此找到生存之道。这正如《侏罗纪公园》原作中广为流传的名言："动物，总是属于自然的。"

○ 全方位观景球车让两个孩子近距离观看恐龙

○ 棘龙生活场景想象复原图

艾伯塔省的盾角双侠

撰文 / 江泓

　　古生物学是一门发现的学科，每年都有大量新的古生物属种被命名。就在刚刚过去的夏天，古生物学家就命名了两种发现于加拿大艾伯塔省的奇特角龙类。到底这两种角龙有多么奇特，它们之间又存在着怎样的联系和区别，让我们一探究竟。

○ 皇家角龙（右下）（绘图／薛文）

双侠御敌

加拿大的艾伯塔省，一只浑身长满羽毛的伤齿龙正在平原上觅食。它抬头看到不远处有一大一小两只温氏角龙路过。伤齿龙向它们跑去，警惕的温氏角龙妈妈发现了伤齿龙，立即向前几步将孩子护在身后，并向对手发出低沉的吼声，边跺脚边摇晃着脑袋展示其长而尖的大角。作为最聪明的恐龙，伤齿龙没有把握是不会贸然攻击的，它可不想被温氏角龙的大角扎个透心凉。

温氏角龙妈妈不断跺脚，弄得周围尘土飞扬，眼前的景物也变得模糊了。伤齿龙随即绕着圈子向小温氏角龙靠过去。伤齿龙的一举一动温氏角龙都看在眼中，它猛然侧身用大角撞了过去，吓得伤齿龙连忙后退。看着眼前这只怒气冲冲的温氏角龙，伤齿龙最终放弃了自己罪恶的计划，它看了小温氏角龙一眼后就跑开了。

○加拿大老人河（这条河边发现皇家角龙化石）（供图／江泓）

温氏角龙消失后，它们曾生活的地方出现了一群新角龙类，即皇家角龙。它与温氏角龙比体型要小一点，眼睛上方的额角也没那么粗长。

午后，一群刚吃过午餐的皇家角龙正趴在沙土和植物间休息，一只小皇家角龙爬到妈妈背上，看到地平线上出现了一只高大的动物，它脑袋巨大，用双足行走。很快，负责警戒的成年皇家角龙也发现了异常，立即大叫起来。它们发现正在靠近的大怪兽竟然是暴龙，它体长13米。皇家角龙的体型只有5米长，它们必须依靠群体的力量抗敌。成年皇家角龙急忙将小恐龙赶围在正中间，形成环形的防御线将脑袋上的尖角朝外。靠这种固若金汤的防御阵型，皇家角龙敢与单只暴龙对抗，生与死就看运气啦！

○ 为了搬运巨大的化石，研究团队调来了直升机（供图／江泓）

皇家角龙：头戴王冠的家伙

2005年初，加拿大地质学家皮特尔·休斯（Peter Hews）在加拿大阿尔伯塔省以南的卡尔加里进行地质调查。当他顺着老人河前进时，在一处崖壁上发现了

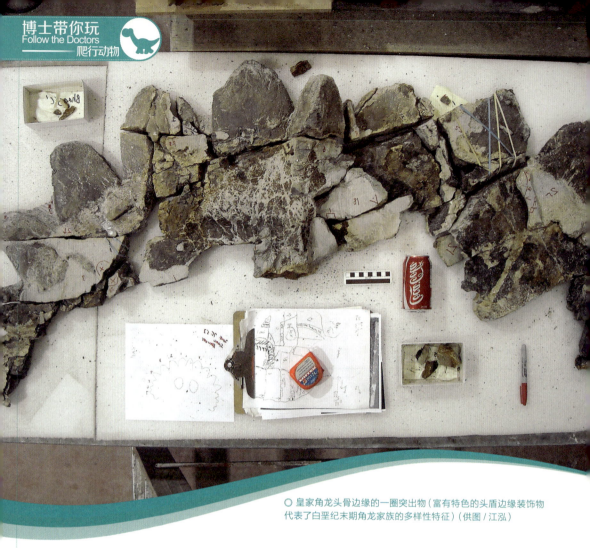

○ 皇家角龙头骨边缘的一圈突出物（富有特色的头盾边缘装饰物代表了白垩纪末期角龙家族的多样性特征）（供图／江泓）

一块巨大的头骨化石。从外形上看，休斯判断它属于一种大型角龙类恐龙，可能还是一个全新的角龙属种。

休斯将此发现通知了加拿大皇家泰勒古生物博物馆。他们很快派古生物学家来到化石发现地。因老人河是受保护的鱼类繁殖地，任何沿河的工程项目都会受到政府和环保组织的监督。为了防止

在发掘过程中有砂石滚入河流中，古生物学家们在崖壁下建了一座小型的堤坝。

在崖壁上的挖掘并不轻松，古生物学家每天要经受风吹日晒。当化石终于被清理出来，经过测量、记录和拍照并准备运回博物馆时，人们发现周围的道路崎岖不平，如果将化石放在车上运输肯定会造成损坏。经过努力，博物馆竟然找来

了一架直升机将化石安全运走。

当化石被运到皇家泰勒古生物博物馆后，研究人员立即对其展开了全面研究。2015年6月4日，布朗等人在《当代生物学》杂志在线版上发表了《一新有角恐龙揭示了角龙科头部纹饰的趋同进化》的论文，文中将这种恐龙命名为皮氏皇家角龙（Regaliceratops peterhewsi）。皮氏皇家角龙的属名来自对其化石进行发掘和研究的加拿大皇家泰勒古生物博物馆，

种名皮氏则是献给化石发现者皮特尔·休斯的。

截至目前，古生物学家仅发现了一具皇家角龙的化石，其头骨长1.57米，鼻子上有一根向前倾的鼻角，眼睛上方有一对较细的额角。它最有特色的部分是脑后头盾边缘的装饰，它们包括15个向外的突出物，就像带着王冠。古生物学家据头骨尺寸推算，皇家角龙的体长可达5米，体重超过1.5吨。

从发现皇家角龙的地层判断，

◎皇家角龙的复原图，其奇特的头盾就好像带着王冠一般（供图／江泓）

○ 皇家角龙头骨（供图／江泓）

其生存于距今 6850 万～6750 万年前的白垩纪晚期，是中生代北美洲最后的恐龙家族一员。皇家角龙研究论文的另一位研究者，爱丁堡大学的古生物学家史蒂夫·布鲁塞特指出：从皇家角龙的特征看，当时有角恐龙头上的角和装饰物有了趋同进化的趋势，而此时距恐龙灭绝还剩几百万年的时间，这可能暗示着在彗星撞击地球前有角恐龙正处于进化的巅峰期。

温氏角龙：头顶装饰向前梳

2010 年，加拿大化石猎人温迪·斯洛波达（Wendy Sloboda）在艾伯塔省牛奶河以南的宾霍恩省立牧场保护区发现了含有角龙化石

○ 温氏角的研究者迈克尔·瑞恩正在展示其复原图（供图／江泓）

的骨床。由于骨床上覆盖着厚厚的岩层，古生物学家不得不花费大量的时间将岩层清理掉，露出的骨床上满是破碎的恐龙化石。他们从众多的化石中辨认出了一只大型角龙类的遗骸，包括：破碎的头骨和下颌骨，部分四肢、脊椎和腰带骨骼等。

古生物学家大卫·埃文斯（David Evans）和迈克尔·瑞恩（Michael Ryan）被角龙化石中展现出来的独有特征吸引，他们进行了充分的研究后发表了《宾霍恩温氏角龙的头骨解剖，发现于加拿大艾伯塔省老人组地层的尖角龙类，指示了角龙头饰的进化》的论文，并正式命名了宾霍恩温氏角龙（Wendiceratops pinhornensis）。宾霍恩温氏角龙属名献给发现其化石所在骨床的温迪，种名则来自化石发现地的宾霍恩省立牧场保护区。

从已知的化石推断，温氏角龙体长约6米，体重近2吨。其高鼻子上有一个宽大的鼻子，只不过鼻角顶部是平的而不是尖的。温氏角龙的眼睛上方长有两根粗长的额角，这是它们最重要的武器。

温氏角龙生活于距今7900万～7870万年前的白垩纪晚期，比皇家角龙早了1000多万年。温氏角龙生存时的北美洲是恐龙的世界，与其生活在一起的恐龙还有惧龙、伤齿龙、副栉龙等。值得注意的是，温氏角龙是老人组地层中发现的第5种角龙，在它之前还发现了亚伯达角龙、朱迪角龙、爱氏角龙、美杜莎角龙，当时的艾伯塔省堪称角龙的乐园！

皇家角龙与温氏角龙，两种在2015年夏天刚被命名的恐龙，它们曾经成群结队地漫步于白垩纪的北美大陆之上，它们既是地球生命演化的见证者又是记录者。

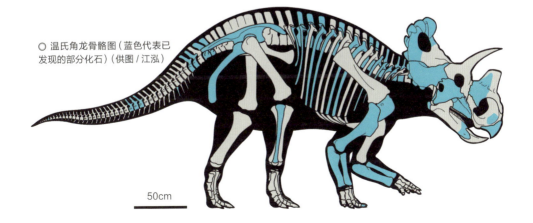

○ 温氏角龙骨骼图（蓝色代表已发现的部分化石）（供图／江泓）

50cm

史前海怪排行榜

撰文 / 江泓

○ 海洋中真的有海怪吗（绘图 / 赵鑫）

深邃的海洋一直就是生命的竞技场。在漫长的生命进化史上，不断有恐怖的海洋怪兽诞生，它们挑战着人类的想象力，一次次地打破着地球掠食者的极限。哪种史前海怪最厉害？它们生活在什么时代？到底长什么样子？各自又有怎样的猎杀利器？下面将为你一一呈现。

巨齿鲨

拥有血盆大口和无敌咬合力的巨齿鲨是鲨鱼这个古老家族的绝唱，在海怪排行榜上排名第一。

19世纪初，人们发现了许多巨大的牙齿化石。1843年，古生物学家阿加西斯根据这些巨大的牙齿化石命名了巨齿鲨。巨齿鲨是有史以来最具破坏力的海中怪兽，体长超过15米，体重约40吨。巨齿鲨就像放大了的大白鲨，它那宽3.4米、高2.7米的大嘴中有250多颗牙齿，任何一颗牙齿都有人的手掌那么大。巨齿鲨的咬合力达20吨，相当于5只暴龙加在一起的力量。

对巨齿鲨来说，一般的小鱼小虾根本不够塞牙缝的，只有肉厚的鲸类才能满足它们的胃口。然而随着鲸类体形的变大及向寒冷海域迁移觅食，生活在温暖海域的巨齿鲨失去了赖以生存的食物而消失了。

○ 巨齿鲨 (绘图／骆玫)

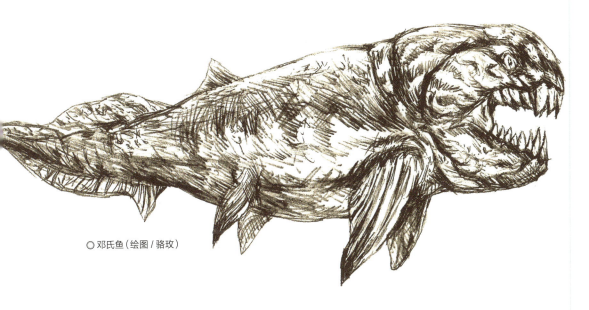

○邓氏鱼（绘图／骆玫）

邓氏鱼

拥有坚硬盔甲和锋利牙齿的邓氏鱼是原始鱼类进化的高峰，在海怪排行榜上排名第二。

19 世纪中期，人们在美国发现了一些巨大的鱼类头骨化石，这些头骨面目狰狞可怖，就像来自地狱的怪兽。1873 年，雷哈曼将其命名为恐鱼，后来又被改称为邓氏鱼。邓氏鱼是泥盆纪海洋中的顶级掠食者，体长 10 米，体重超过 4 吨。它属于盾皮鱼类，头部和颈部包裹着厚厚的盔甲。它最恐怖的武器是边缘带刃面的牙齿，这也是头骨盔甲的一部分。

邓氏鱼上下颌的咬合力超过 5 吨，任何防御在它的大嘴下都不堪一击。

邓氏鱼捕猎还有一种武器——强大的吸力，其瞬间张开的大嘴能将食物一下子吸进嘴里，然后咬力十足的牙齿就派上用场了。随着进化中的鱼类越游越快，邓氏鱼开始面临食物危机。身躯庞大的它们追不上猎物，于是，这种泥盆纪的海怪渐渐灭绝了。

沧龙

拥有良好嗅觉、多排牙齿和强大爆发力的沧龙是海生爬行动

○ 沧龙（绘图 / 骆玫）

物进化的巅峰之作，在海怪排行榜上排名第三。

沧龙是白垩纪海洋中的顶级霸王，体长约 18 米，体重超过 20 吨。沧龙犹如一条超级大海蛇，身体又细又长，身体下面一前一后长有两对鳍状肢，背后则有一个大尾巴。沧龙的脑袋长度超过 1.5 米，嘴中不但有锋利的牙齿，口腔上部还另外长有两排小牙齿，其作用是帮助固定和吞咽嘴中的猎物。

在中生代海洋中，沧龙是终极海怪，除了幼年时会受到来自鲨鱼和其他沧龙种类的威胁，成年之后便不再有天敌了。沧龙是不折不扣的大胃王，鱼类、海龟、海生鳄鱼、蛇颈龙类甚至是翼龙和其他种类的沧龙都在其食谱上。如果不是中生代末期的大灭绝，沧龙会统治海洋更长的时间。

龙王鲸

拥有良好听觉和强大切割力的龙王鲸拉开了哺乳动物统治海洋的序幕，在海怪排行榜上排名第四。

19 世纪初，人们在美国中部发现了许多奇特的化石，他们认为这些化石属于某种恐龙。1834 年，学者哈伦命名了龙王鲸，其本意就是"蜥王龙"，后来才知道它是一种鲸类。龙王鲸是新生代海洋中的新贵，体长近20米，体重约18吨，是身体最细长的鲸。

细长的龙王鲸会像鳗鱼一样游泳，很灵活。龙王鲸的杀戮工具是嘴中的牙齿，其牙齿既可以穿刺也可以切割。

在始新世海洋中，龙王鲸是绝对的王者，没有什么动物能动摇它们的霸权。龙王鲸的食物很多，它们不但吃鱼类，还捕杀同时代的其他小型鲸类。始新世晚期，地球气候开始变得寒冷，龙王鲸不能适应，遭到灭绝。

○龙王鲸（绘图／骆玫）

上龙

拥有敏锐视力和尖长牙齿的上龙是爬行动物征服海洋的杰出代表，在海怪排行榜上排名第五。

上龙是最早被发现的古生物之一，其巨大的化石发现于今天英国南部。

著名的古生物学家欧文在1841年命名了这种大型海生爬行动物。上龙是侏罗纪海洋中的爬

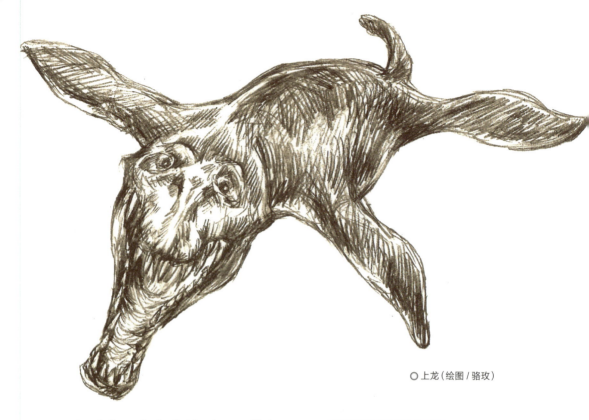

○上龙（绘图 / 骆玫）

行动物，它们靠肺呼吸，体长可达 15 米，体重超过 10 吨。上龙的大脑袋超过 2 米，一张扁宽的大嘴和满口的尖牙是它们的杀戮工具。大脑袋后面是短粗的脖子和巨大的身体，这为上龙提供了强大的咬合力和动力。

在侏罗纪海洋中，上龙是庞大凶猛的掠食者，能与其抗衡的只有滑齿龙、扁鼻强龙等。上龙每天必须吃大量的食物，除了各种鱼类，包括鱼龙、蛇颈龙甚至恐龙都是它们的食物。

鹦鹉螺

拥有尖长硬壳、灵活触手和角质喙嘴的鹦鹉螺开启了海怪时代，在海怪排行榜上排名第六。

很久以前，人们在岩石中发现了很多尖长的石锥子，起初大家并不知道这是什么东西。直到近代，古生物学家才确认这些石锥子是远古鹦鹉螺的外壳。1933年，古生物学家泰切特命名了这种动物。奥陶纪的鹦鹉螺是地球历史上第一批巨型掠食者，它们

○ 鹦鹉螺（绘图／骆玫）

体长超过 10 米。鹦鹉螺外形奇特，像一只会游泳的直壳海螺。有趣的是，由于靠脑袋喷水，它们是倒着前进的。别看鹦鹉螺的样子滑稽，它却是可怕的猎手，坚硬的嘴巴类似鹦鹉嘴般的角质喙具有强大的咬合力。

称霸奥陶纪的鹦鹉螺有一副好牙口，还是"大胃王"，它们几乎是遇到什么吃什么。尽管鹦鹉螺很强大，但是它们还是无法与大自然抗衡，随着大陆漂移和气温下降，这些直壳海怪最终灭绝了。

白垩纪的迷你水陆两栖 "坦克"

撰文 / 江泓

　　恐龙大家族中可分为两大类，食肉性恐龙和植食性恐龙，其中身上披着铠甲的甲龙类是彻头彻脑的植食性恐龙。最近，对来自中国辽宁省的一具奇特恐龙化石的研究显示：甲龙类中也有以肉为食的成员，它就是迷你版的 "潜水坦克" ——辽宁龙（*Liaoningosaurus*）。

○ "潜水坦克"——辽宁龙（绘图/章浩臻）

○ 甲龙的武器——尾巴上的骨锤（供图 / 江泓）

最小的甲龙

　　甲龙类是恐龙世界中非常著名的家族，这个家族中名气最大的要算与暴龙生活在一起的甲龙。甲龙的体型巨大，体长超过 6 米，体重可达 4 吨。甲龙拥有典型的家族特征：覆盖在背上的骨片和骨刺，还有尾巴末端的超级武器——骨锤。

　　如果将辽宁龙和甲龙放在一起，你肯定不敢相信两种恐龙属于同一个家族。辽宁龙的体长不到 40 厘米，体重更是不足 1 千克，它的长度和重量还赶不上甲龙的脑袋呢。别看辽宁龙小，所谓麻雀虽小五脏俱全，辽宁龙也拥有

○ 辽宁龙与人类及甲龙的体型对比（供图 / 江泓）

1M

○狼鳍鱼，这
是辽宁龙的食物
（供图／江泓）

甲龙家族的特征。另外，为了加强防御，辽宁龙的腹部进化出了盾状的甲板，可以抵挡来自下方的攻击。

辽宁龙是目前已知体型最小的甲龙类恐龙，它继承并发扬了家族中防御全面的特色，同时又出现了独一无二的新特征。

爱吃鱼能潜水

辽宁龙刚被发现时，人们认为它与其他甲龙类一样以植物为食，不过最新的研究推翻了这一观点。

经过对化石的详细研究，中国的古生物学家发现，在辽宁龙化石的腹腔内保存了几条鱼类的化石。

如果辽宁龙真的吃鱼，那它将是第一种吃鱼的甲龙类，也是第一种以肉为食的鸟臀目恐龙，绝对是植食性恐龙中的异类。

辽宁龙既然吃鱼，那么它有哪些捕鱼装备呢？辽宁龙的骨骼和装

甲使其身体相对较重，有利于潜水，其四肢末端的爪子之间可能连着蹼，方便游泳。在观察辽宁龙化石时，古生物学家还注意到其腰带部分骨骼连接疏松，这也有利于其身体在水中灵活的运动。

为了能够在水中捕鱼，辽宁龙的牙齿顶部有长而分叉的齿冠，可以穿透鱼类滑溜溜的身体。在辽宁龙可能带蹼的脚上还长有尖锐的爪子，这些爪子能够更好地撕扯猎物。能潜水又能捕鱼的辽宁龙好像一辆迷你版的水陆两用坦克，在水中也游刃有余。

○狼鳍鱼，这是辽宁龙的食物（供图 / 江泓）

◎ 长羽毛的中国鸟龙威胁着辽宁龙的生存（供图／江泓）

白垩纪的异类

辽宁龙生存于距今 1.2 亿年前早白垩世的中国辽宁省西部，是热河生物群的一员。白垩纪的辽宁看上去郁郁葱葱，鸟语花香，正是辽宁龙的天堂，事实上并非如此。除了辽宁龙，在森林中还生活着其他恐龙，其中包括食肉的中国鸟龙、中华龙鸟、羽王龙等，这些恐龙非常凶猛，分分钟就能杀死辽宁龙。

不仅是恐龙，生活在地面上的哺乳动物和天空中飞行的翼龙同样可以威胁辽宁龙的生存。或许正是由于面对着来自陆地和天空中的各种威胁，辽宁龙才最终选择进入水中生活，而进入水中又迫使其改变了原来以植物为食的习性，最终成为小型的捕鱼者。

辽宁龙是一种奇异的恐龙，它的发现和研究或许会重新让我们认识一些恐龙。为了生存，动物会背离自己曾经的生活方式，走向完全不同的道路，就像大熊猫一样，而恐龙也不例外。

光怪陆离恐龙巢

撰文 / 袁洁

　　你知道吗？中国是世界上发现恐龙蛋最多的国家，如广东省河源一地就曾挖掘出近200窝2600余枚恐龙蛋化石。你更不知道的是：恐龙蛋化石有圆形的、橄榄形的、长棒形的，还有珠宝级晶体蛋、袖珍蛋、蛋尖两头皮超薄的伤齿龙蛋……更稀奇的是，不少恐龙蛋埋藏得也颇有规律：它们两两成双、围绕成一个圆盘，呈辐射状排成一圈，仿佛向日葵花盘周围的花瓣；而每个这样的圈，都会留下一个较大的缺口……恐龙到底摆的是什么迷魂阵？在河南省西峡县，恐龙连体双蛋化石屡屡被发现。难道恐龙与母鸡不一样，一次能下两个蛋吗？答案还得从恐龙的生理结构说起……

○ 长形恐龙连体双蛋（摄影／江泓）

恐龙蛋巢的"奇葩"事

原来，恐龙的产蛋器官与母鸡不同，鸡只有一套卵巢和输卵管，而恐龙和原始鳄鱼相仿，有两个卵巢、两条输卵管，一次能生两个蛋，一窝一般能生 12~36 个蛋。河南省西峡地区的恐龙蛋化石，最多的一窝竟达 79 个。

○ 巨型长形恐龙蛋（摄影／江泓）

那么，这些耐人寻味的恐龙蛋窝究竟是怎么形成的呢？科学家们根据发掘情况推断，恐龙每下一次蛋，就会换一个角度，将近下完一圈蛋后，它就得起身离开了。由于恐龙的身躯笨重，退出时，为了怕碰破这些蛋宝贝，它往往会留下一个出口。

这种类型的蛋窝常见于恐龙营造的开放型巢穴中，多由窃蛋龙、驰龙、伤齿龙等小型兽脚类恐龙建造。这些恐龙一般为温血恐龙，可以用自己的体温来孵蛋，所以它们下蛋后并不将蛋埋起来，而是头顶敞开的露天蛋巢。

在这种蛋巢中，恐龙蛋会整齐地排列在四周，围成一圈；一般蛋巢中有两到三圈蛋，分层错落地叠放起来，组成奇特的恐龙蛋巢。其中有些巢穴还会构筑到树洞、高崖之上，有类似向鸟窝过渡的趋势。而在这些蛋巢的中央，会留下一个圆形的土台子，那是为恐龙孵蛋准备的落脚点。

◎环形叠压排列的恐龙蛋窝（摄影／江泓）

○ 圆形恐龙蛋（摄影／江泓）

形态各异的恐龙蛋

恐龙蛋化石大小悬殊，小的如广东河源发现的袖珍蛋，仅有鹌鹑蛋的一半大，直径在 1.5~2 厘米；大的如在俄罗斯北高加索地区的车臣共和国发现的巨型恐龙蛋化石，直径可达 1 米。

开头我们说过，恐龙蛋的形态也是多种多样的，科学家们将之分为 29 种形状：包括窃蛋龙、伤齿龙等小型兽脚类恐龙产的长形蛋；鸟脚类恐龙鸭嘴龙产的椭圆形蛋；大型、长颈的植食性蜥脚类马门溪龙、梁龙和埃雷拉龙产的硕大圆形蛋。此外，恐龙蛋化石一般能呈现出炭黑、青黄、灰褐、棕红等不同的颜色。

○巨椎龙曾经的生活场景

巨椎龙的群居与独立

南非发掘到的巨椎龙巢穴群落，也揭示出这类早期恐龙在繁育习性上的"怪癖"：它们会年复一年、不远千里迁徙到各自筑成巢穴的窝点，还喜欢成群结队产卵。有些巨椎龙恐龙的巢互相靠得很近，因此，科学家们也推测，恐龙可能有群居的习惯。

一般成年巨椎龙雌龙的长度可达6米，而其蛋的直径却仅为6~7厘米。产蛋之后，雌龙们会非常小心地将蛋在巢穴中排列好，对它们呵护、照料，直到雏龙孵化出壳。

这些雏龙和小鸟一样，会本能地待在巢里，无论它们的父母出现什么情况都不离开。小恐龙只有在体格足够大（是刚孵出来的两倍左右大）以后，才会离开父母的保护，独立生活。据科学家们推断，恐龙幼仔还没长出牙时，需要由它们的父母来喂养，很有可能是成年恐龙提供反刍食物来喂养。而当小恐龙长到足够大以后，才会离开它们童年的故乡，另立门户。

○体型巨大的大椎龙

高棘龙的"古怪"巢坑

在美国科罗拉达州德尔塔县的森林公园里，科学家们发现了大量兽脚类恐龙用左、右足挖出的大型巢坑，分布面积足有数万平方米之广，坑点超过50个，一些巢坑大小接近浴缸，颇为壮观。其中大多数巢坑由平行双槽和抓痕凹坑构成，中间留下脊状突起。科学家们经过实地考察和探索，发现生活在该区域距今1.2亿~1.1亿年的早白垩世的大型肉食恐龙骨骼化石记录只有高棘龙，而且其足部形态也与足迹化石吻合。

读者朋友可能会问，这些巢坑是恐龙们要干吗用的呢？这么大能装多少恐龙蛋啊！你又猜错了，这可不是真正的恐龙蛋巢穴。琢磨再三，科学家终于领悟出：这些巢坑很可能就是恐龙们求爱、觅偶留下的"洞房"。美国科罗拉多大学地质学教授马丁·洛克里（Martin Lockley）认为，这是首次发现恐龙交配行为的证据。这些巨大的巢坑，填补了人们对恐龙行为认知的空缺，也是第一次昭示出高棘龙交配的古怪习俗。

恐龙蛋化石揭示大灭绝猜想

恐龙是所有陆生爬行动物中体形最大的一类，它的进化发育得

◯ 体型巨大的高棘龙（摄影／玉宽）

天独厚，然而，其繁衍后代的方式却保留了古老的体外排卵法。因此，恐龙下的蛋并不大，一般蛋重仅为成年个体的五万分之一，当然、恐龙幼仔体型也不会太大，部分刚生出的雏龙，只有 1~10 千克重，却要长到 20~50 吨。于是，在漫长的成长发育阶段，未成年的雏龙被蛇吞、兽啃，甚至蛙食都是难免的事。

更何况在 6600 万年前，一颗类似小行星的天体撞击了地球（撞击点位于今天的墨西哥希克苏鲁伯地区），烈度超过十亿颗原子弹一起爆炸的威力，撞出的大洞直径超过 148 千米。这次撞击击破了地壳，引发超级火山爆发，整个地球被浓烈的火山雾霾和毒气所笼罩，长期见不到阳光，使得植物无法进行光合作用。

○ 小行星撞击地球，导致了非鸟恐龙的灭绝

○大椎龙胚胎蛋化石，其幼嫩的雏仔骨架蜷缩在蛋内

近年来，在我国内蒙古巴音满都呼白垩纪末期的地层里，出土了数百个原角龙和甲龙化石。其中，出现大量完整骨架成群堆垛在一起的现象，从遗骸的埋葬姿势来看，这些恐龙是极度痛苦地憋死的，其中不乏成群的恐龙幼仔骨架。这显然是殒命于突然降临的毁灭性打击。而全球各地发现的恐龙骨架和90%的恐龙蛋化石，都不约而同地保存在晚白垩纪末富含铱的薄黏土层下的凝灰质红层中，也印证了人们的推断。

科学家们通过观察，还发现鳄鱼的雌、雄决定于排卵期的气温：当气温高时，鳄鱼（卵内胎）是雄性；而气温低时，鳄鱼（卵内胎）是雌性，因为鳄鱼保持了恐龙的原始生态，所以卵的雌雄问题很可能与恐龙类似。

因此，科学家们推断，大约在6600万年前，火山陡然频发，地温骤升，很可能导致几乎所有的恐龙卵都变成雄性，没了雌性恐龙配偶，它们也只能面临繁殖受挫而绝后。至此，曾雄霸地球1.6亿年之久的恐龙世家，最终大规模灭绝了。

爬行动物仿生秀

撰文 / Mr. Frog

○ 长鼻子变色龙（摄影 / Mr. Frog）

仿生学是高科技的代名词，它是指运用尖端的科学技术，来模仿生物的各种官能感觉和思维判断功能，从而更加有效地为人类服务。进入 21 世纪，仿生学已成为现代科学技术的前沿和热点领域，从千姿百态的动物身上获取的灵感，给仿生学带来了源源不断的动力。

近代，科学家根据萤火虫的发光原理，获得了化学能转化为光能的新方法，从而研制出超节能的荧光灯；根据青蛙眼睛的特殊构造研制了电子蛙眼，用于监视飞机起落和跟踪人造卫星；模仿狗鼻子嗅觉功能制造出的电子鼻，可以检测出极其微量的有毒气体等。这些科技

成果在让人叹为观止的同时，也让动物仿生学声名大噪，论贡献，爬行动物是其中的佼佼者。

飞檐走壁的秘密

飞檐走壁小精灵——壁虎

不知大家是否还记得，儿时的老房子或老街道的路灯下，时常能见到一种飞檐走壁的小精灵——壁虎。它们在天花板或墙壁上来去自如，引起人们的无限遐想。近年来，电影《蜘蛛侠》更是让我们对这种几乎无障碍的运动方式充满了好奇和向往。

飞檐走壁是许多动物与生俱来的能力，壁虎则是爬壁能力极为突出的动物之一。壁虎的脚趾能与固体表面快速黏附或去黏附，因而能在与地面近乎垂直或平行的表面（倒挂着）快速移动。最开始，人们认为壁虎能飞檐走壁是因为脚下有吸盘，其实，其趾端膨大的足垫并不是吸盘。真正起作用的，是壁虎足垫和脚趾下鳞上密布的一排排成束的微绒毛，它们如同一只只弯形的小钩，能够轻而易举地抓住物体；微绒毛顶端腺体的分泌物，也能增强它的吸附力。

仿生壁虎机器人

壁虎外周神经对脚掌的运动控制采用独立模式，控制策略简单有效，脚底对接触力及方向有明确感受，这对仿生壁虎机器人的控制设计很有启发。

其脚趾表面精妙的黏附结构，

○ 一只壁虎倒挂在栅栏上，脚趾结构清晰可见（摄影 / Mr. Frog）

为人类研制仿生干性黏附阵列材料和研发新型爬壁机器人提供了重要线索。南京航空航天大学的戴振东教授模仿壁虎脚趾结构与动作，设计了可以在天花板上爬行，并具有一定越障能力的爬壁机器人，有望在不久的将来应用于航空航天等重大领域。

○ 大壁虎的脚趾结构使它们轻松实现"飞檐走壁"
（摄影 / Mr. Frog）

五彩斑斓的变色世界

"伪装高手"——变色龙

变色龙的种类很多，约有160种，主要分布在非洲。雄性变色龙会将暗黑的保护色变成明亮的颜色，以警告其他变色龙离开自己的领地；有些变色龙还会将平静时的绿色变成红色来威胁敌人。在自然界中，变色龙是当之无愧的"伪装高手"，它可以一动不动地将自己融入周围的环境之中。为了逃避天敌和接近猎物，一些昆虫和青蛙的皮肤也会改变颜色，使之与周围环境相一致，但这需要一段时间才能完成，而变色龙如同耍魔术一般瞬间即变。

变色龙通过视觉观察环境，然后用大脑控制不同色素细胞膨胀或者收缩，从而实现颜色转变。变色龙变换体色不仅仅是为了伪装，另一个重要作用是实现变色龙之间的信息传递。康奈尔大学生物系的安德森对变色龙的"变色原理"进行了详细解释：变色龙皮肤有三层色素细胞，最深的一层是由载黑素细胞构成，细胞带有的黑色素可与上一层细胞相互交融；中间层是由鸟嘌呤细胞构成，它主要调控暗蓝色素；最外层细胞则主要是黄色素和红色素。安德森说："基于神经学调控机制，色素细胞在神经的刺激下会使色素在各层之间交融变换，实现变色龙身体颜色的多种变化。"

○一只将自己隐藏于枝叶间休憩的变色龙（摄影 / Mr. Frog）

○变色龙可将体色变为明亮的颜色以警示其他变色龙（摄影 / Mr. Frog）

多彩的变色涂料

人类的许多发明与创造都来自动物体形和行为活动的启发，变色镜就是受变色龙的启发设计的。

科学家们探索出了一种可以随光线强度和温度的不同而改变颜色的涂料，尤其是纳米材料问世后，变色手段如虎添翼，更加丰富多彩。当把这些涂料涂在玻璃上时，就制成了风靡世界的变色镜。各式各样的变色镜不仅美观，而且可减少光线对眼睛的刺激，对眼睛起到保护作用。不仅如此，人们还把变色涂料用在衣料、墙面、餐具等物体上，使其在不同温度和光照下，呈现出各种不同的美丽色彩，从而把人类生活的环境美化得五彩缤纷、艳丽夺目。另外一个仿生学应用是士兵自变色迷彩服，不过现在还是概念设计，因为很多技术还不成熟。

人类的变色发明虽来自变色龙的启发，但变色的手段和花样都远远超过了它，正是"青出于蓝而胜于蓝"。

暗夜杀手的"第二双眼睛"

"暗夜杀手"——蝮蛇

二郎神杨戬因为能用第三只眼睛看清妖魔鬼怪的真身，这才识破了孙悟空的七十二般变幻，最后活擒了孙悟空。尽管这只是

○ 这只变色龙用体色将自己伪装成木头（摄影／Mr. Frog）

○一只呈
攻击姿势的
高原蝮（摄影／
Mr. Frog）

神话故事里的人物，但却让我们对三只眼无比好奇。而现实生活中，真有动物拥有"第二双眼睛"，当然，这双眼睛不是火眼金睛，也不能洞悉妖魔鬼怪的真面目，但这双眼睛却让黑夜中的猎物无处藏身。这拥有"第二双眼睛"的动物就是蝮蛇。

　　蝮蛇是蝮亚科蛇类的总称，著名的成员有尖吻蝮、竹叶青、高原蝮、莽山烙铁头等。它们锋利的管状毒牙能瞬间将致命的毒液注入猎物体内，一招制敌。更让人叹为观止的是，蝮蛇在夜晚或洞穴内仅有弱光甚至无光的环境中，仍能准确识别并迅速锁定目标，进而发动迅猛的攻击。因此，在自然界中的众多捕食者中，蝮蛇被誉为"暗夜杀手"。

　　蝮蛇之所以能在弱光和无光的环境中发现并锁定猎物，并非因其视力超群，而在于它们拥有

"第二双眼睛"。依靠这双眼睛，它们可以"看"到目标的红外图像。这"第二双眼睛"就是其特有的红外感知器官——颊窝，位于蝰蛇两颊部位的一对凹陷状结构。正是有了颊窝，蝰蛇才能精确感知红外信息的细微变化，并以此实现对目标的识别和定位。蝰蛇的红外感觉灵敏度极高，其颊窝内部有一层内膜，称为颊窝膜，科学发现颊窝膜能分辨0.003~0.005℃的细微温度变化。

此外，蝰蛇颊窝具有进行小孔成像的结构基础，这一特征显著提高了红外感觉的灵敏度。

红外成像的优点不言而喻。在野外，蝰蛇捕猎的机会不仅受猎物数量的制约，而且有很多不确定因素。错失一次捕食机会，将意味着生存受到威胁。此外，蝰蛇的毒牙锋利而细长，极易折断，长期的进化导致蝰蛇必须尽可能地在最短的时间内识别和定位目标。因此，保证一击必杀至

○ 竹叶青翠绿的体色与背景完美融合，周围的猎物很难发现它的存在（摄影／Mr. Frog）

○尖吻蝮背部的纹路跟旁边的树叶十分相似，瞬间"遁于无形"（摄影 / Mr. Frog）

关重要。为了适应复杂多变的外界环境、提高捕食的成功率，蝮蛇的红外与视觉系统能完美配合。通常，白天光照充足、气温较高，蝮蛇视觉系统能发挥良好的作用；而夜间或在洞穴中，光照和环境温度与白天相比差异较大，此时红外系统便可大展身手。

潜力无限的红外信息世界

从人类生活的生物圈乃至整个地球的角度看，红外光虽然不能直接为人们肉眼所见，但却无处不在。无论从波长跨度上，还是占太阳能的比重上，都超过了可见光。因此，红外光所承载的信息量不容小视。但是因为人类无法直接感知，因此红外光在很大程度上被我们忽略。可以说，红外信息世界是一个摆在人类面前的隐形宝库，开启它必然能回答一些不解之谜。而具有红外感知的生物，即是让我们理解和认识红外信息世界的桥梁。因此，对动物红外感知（尤其是具有成像能力的蛇类红外感知）的系统研究，无疑能拓展和完善人类的认知领域。学习、认识和掌握动物的红外感知，必然让人类的感知世界得到极大扩展。

人们从蝰蛇的捕食技巧获得启发，发明了响尾蛇导弹、红外夜视仪等仿生产品，在军事和民用领域大获成功。然而，对蝰蛇红外感知的探索远远没有结束，其红外成像机理，尤其是在各级神经系统对红外图像参数的编码和整合方面，仍需深入和系统地研究。值得注意的是，红外和视觉系统的相互关系，是研究双模神经元与双模神经结构及其功能的绝佳材料，清楚地了解两种图像信息的配准与融合原理，可以帮助我们进一步完善夜视与定位设备，为军事和医学等研究领域提供重要理论基础。

动物仿生学的未来仍然充满惊喜，古老而神奇的爬行动物将继续惊艳我们的眼球，让我们拭目以待吧！

○一只变色龙将身体伪装成叶绿色，与背景融为一体（摄影 / Mr. Frog）

物理之眼看 "色" 奇观

撰文 / 王梓

○ 树上的变色龙

神奇变色能力从何而来

大自然中有很多五颜六色的动物，有的还能随意改变自己的颜色，变色龙就是其中之一。变色龙拥有神奇的变色能力，通过改变体表的颜色完美地与外界环境融为一体，令人叹为观止。变色龙之所以能够迅速地改变体色，通常的观点认为，变色龙是通过色素细胞的舒张和收缩调和成不同的颜色。

然而，最新的研究表明，事实并非如此。各种生物所表现出的颜色可分为两大类：化学色和结构色。化学色由生物体内的各种色素引起，诸如黑色素、血红素、叶绿素、胡萝卜素等，它是生物体内实实在在的颜色。结构色又称物理色，它们由特定波长的光线与某些纳米级的结构发生散射、干涉或衍射等作用产生。

纳米晶体的排列结构是变色关键

变色龙能够变色，是因为它们真皮细胞表面的一层虹细胞，通过改变这一细胞层内部鸟嘌呤纳米晶体的排列结构，变色龙就可以实现颜色的变化。当光入射到这些纳米晶体上时，不同波长的光在特定方向上干涉增强，其他波长的光由于干涉而被削弱，变色龙因此显现出绚烂的体色。同样，变色龙通过改变虹细胞中纳米晶体的排列结构，反射出不同波长即不同颜色的光，从而实现变色。

准确地说，变色龙应该叫变形龙，它对虹细胞内纳米晶体结构的精确调控比起变形金刚来要厉害得多！同样因为结构显色的还有蝴蝶的翅膀。

爬行动物的冬眠

撰文 / 蒋志刚

◎蜥蜴会钻到土层下或天然洞中冬眠

寒带和温带的爬行动物都冬眠

　　动物对付寒冷低温最为人所知的手段之一就是休眠。当周围气温低时，许多原生动物（一类缺少真正细胞壁、细胞通常无色、具有运动能力并进行吞噬营养的单细胞真核生物）会沉入泥底或在冰块中休眠；生存在寒带的无脊椎动物，几乎全靠冬眠度过严冬；而在寒带和温带，变温动物，包括所有的两栖动物和爬行动物都冬眠。当冬天来临时，蛇类与蜥蜴类动物会钻到土层下或天然洞中冬眠。

身体各项机能降低

与之相应的是，冬眠时动物的心跳、呼吸会减缓。与此同时，冬眠动物的能量代谢率可能会下降到极低的水平。据报道，蝮蛇冬眠时的能量代谢率仅为其夏季能量代谢率的50%。

由于能量消耗低，冬眠动物靠秋季体内蓄积的脂肪组织就可以过冬。这期间，由于冬眠动物不能活动，逃避天敌伤害的能力会变得很差。一些珍稀濒危野生动物在冬眠期极易被捕捉或猎杀。因此在冬季，保护冬眠的野生动物是野生动物保护工作的一项重要内容。

○ 蝮蛇冬眠时的能量代谢率仅为其夏季的50%

爬行动物的感官

撰文 / 黄乘明

没有耳郭的爬行动物

　　爬行动物和两栖动物只有内耳和中耳，没有外耳。不过，爬行动物在骨膜外有一个短短的外耳道，露在外面的是一个小孔，只是没有耳郭而已。两栖动物的耳朵很明显，都在眼睛的后面，骨膜是最外的结构，声音直接传到骨膜，再通过听骨链传到耳蜗。哺乳动物的耳朵是最完整的，包括了耳的三个部分。

　　耳朵最大的动物非大象莫属，当然，兔子的耳朵也不算小。应该说，生活在草原环境的哺乳动物，它们的耳郭都比较大，因为草原上更加危险，发达的听力有助于它们尽早预判到危险，能及时逃避天敌的捕杀。鸟类跟爬行动物相似，也是没有耳郭的，但是鸟类收集声音的方式可以通过转动灵活的脑袋得以弥补。在动物界里听觉最发达的属于鸮形目的鸟类，它们可以凭听觉抓住雪下的老鼠。

○蜥蜴有一个短短的外耳道

○头部具有颊窝
的竹叶青

颊窝让爬行动物拥有"第六感"

爬行动物中，有一类有剧毒的蛇，如蝮蛇和蝰蛇。它们除了具有常规的五官之外，头部两侧在鼻孔与眼睛之间各有一个凹下似漏斗形的感温器官——颊窝。颊窝里有一层很薄的膜，对热非常敏感，能感知周围千分之几摄氏度的变化，附近任何物体的温度，只要比颊窝所处的温度稍微高一点，就能引起蝮蛇和蝰蛇的反应，非常灵敏。

毒蛇

撰文 / 于京艺

毒蛇：人们总是"谈蛇色变"，一方面是因为它们阴冷的外表，更重要的一方面是它们一部分成员身负剧毒，人类一旦侵犯了它们的领地而被攻击，若不及时处理就会一命呜呼。

毒器：由毒腺、毒牙和毒腺导管三部分构成

致命成分：毒液主要是具有酶活性的多肽和蛋白质

中毒症状：毒液一旦进入人体，没有得到及时阻断拯救，就会迅速通过血液和淋巴循环扩散，引起全身症状——呼吸肌麻痹，心肌细胞坏死，心律失常，循环衰竭，溶血等。

○ 守株待兔的坡普氏竹叶青

○ 毒蛇

世界之最：一条贝尔彻海蛇的毒液能毒死25万只老鼠，其毒性是眼镜王蛇的200倍。攻毒秘籍：被毒蛇咬伤后，用布条、手巾、绷带等物在伤口的近心端（上方）绷紧。每隔20分钟松开绷带1次，每次1~2分钟，以免影响患肢血液循环，造成局部组织缺血性坏死。绷带要在伤口清理或静脉注射抗蛇毒血清10~20分钟后，才能解除。

穿山甲："披甲戴盔" 的森林卫士

撰文／蒋志刚

穿山甲，古籍中又称鲮鲤。传说鲮鲤身披坚硬鳞甲，居山穿石，故名穿山甲。目前，因为人类的过度捕杀，穿山甲的生存状况岌岌可危。希望大家能够保护这种珍贵的野生动物，让它们能自由地生存和繁衍。

○ 穿山甲的四肢肌肉发达结实，前肢第二、第三和第四趾的爪子特别长，适合挖掘、捣毁深藏地下的蚂蚁巢，也适合为自己挖洞和隧道

分布及习性

穿山甲属于哺乳纲鳞甲目鲮鲤科。穿山甲全身被覆厚厚的由角蛋白组成的甲片，头部呈圆锥状，背部隆起，腹部平坦，四肢粗短，尾长。全球共有8种穿山甲，在中国分布的主要是中华穿山甲（*Manis. pentadactyla*），分布在中国长江以南各省以及台湾、海南岛。在中国还发现过马来穿山甲（*M.javanica*）和印度穿山甲（*M.crassicaudata*），它们仅分布在云南西南部，很少有人见过。

穿山甲生活在灌丛、草地、稀树草原、河岸林地、农田和弃耕地，一般生活在蚂蚁和白蚁较多的生境。中国南方丘陵地带是中华穿山甲的典型生境。中华穿山甲是独居的夜行性动物，冬季在地下洞穴过冬，洞穴通常在白蚁巢附近，以保障越冬穿山甲有充足的食物。

嗅觉敏锐的夜行性动物

穿山甲是夜行性动物，白天一般在洞穴中睡觉，夜间才出来活动。所以穿山甲一般行踪诡秘，很难观察。穿山甲视力差，但是嗅觉与听觉发达。它通常将长长的爪子折叠在掌中，靠前掌的外侧支撑着，慢慢地挪动四肢。穿山甲外出活动时，会不时用后肢和尾巴支撑站立起来，抬起前肢，凭敏锐的嗅觉在空中嗅闻，察觉到天敌的气味后，它会迅速逃跑。

○ 一旦遇到危险，穿山甲就会蜷缩成一团甲片裹着的球状，保护其没有甲片的柔软腹部。面对一团硬硬的甲片，一般捕食者常常无从下口

○ 穿山甲的胃就像鸟类的肌胃一样, 能将食入的蚂蚁磨碎消化

食性特化

穿山甲食性特化。穿山甲主要吃蚂蚁和白蚁, 偶尔也吃苍蝇、蟋蟀、蚯蚓、昆虫幼虫、蜜蜂等无脊椎动物。一旦嗅闻发现蚁巢后, 穿山甲会用前足利爪扒开土层, 挖开蚁窝, 然后伸出粘满黏液的长舌舔食蚂蚁。穿山甲的舌头完全伸出时, 比它的体长还要长, 因此它可以捕食到藏在地下很深的蚂蚁和白蚁。穿山甲不捕食时, 会将它长长的舌头缩回到胸腔。穿山甲有特殊的肌肉, 能关闭鼻腔和耳道, 口腔咽部也有特殊的肌肉结构来关闭食道, 这样吞下的蚂蚁就无法逃脱了。穿山甲的食性决定了它在生态系统中的地位, 它能控制白蚁和蚂蚁。据估计, 一只成年穿山甲一年能吃掉7000万只白蚁或蚂蚁。

穿山甲妈妈与幼仔形影不离

穿山甲雌雄个体的体重有差异，一般雄性的体重比雌性重10%～15%；而印度穿山甲的体重差异特别大，雄性个体的体重比雌性重近一倍。穿山甲两岁时性成熟。穿山甲在野外独居，雌雄个体仅在交配繁殖期才相遇。穿山甲一般一胎产一仔，刚产下的穿山甲幼仔只有300克重，甲片颜色橙黄、柔软，没有保护作用。穿山甲妈妈在洞穴中育仔，哺乳期达3～4个月。不外出捕食时，穿山甲妈妈卷缩成团，抱住幼仔睡觉；外出捕食时，小穿山甲会抓住妈妈的尾巴，跟随妈妈一起活动。小穿山甲还没有断奶时，就会开始尝试吃白蚁。

○ 穿山甲标本

海龟宝宝历险记

撰文／Mr. Frog

　　我是一只小绿海龟，妈妈说我们的一生充满着各种惊险和挑战，等我有一天破壳而出也会像她一样环游世界，经历属于自己的冒险之旅。她在跟我讲这些故事的时候，我还只是她肚子里的一枚卵，尽管隔着一层薄薄的蛋壳，但我却能听懂她的心声。下面，一起来听听我的故事吧！

破壳而出

　　我出生在一个美丽的沙滩上，迎面朝海，背面靠陆。之前，我被困在蛋壳里，周围暗淡无光，但我仍能感受到空气中弥漫着海水的腥味，那正是我向往的味道。"是时候行动了！"我鼓励着自己，用力伸展四肢，挣扎着破壳而出。原以为冲破了蛋壳的束缚，我将看到大海和阳光，然而事实并非如此。

○ 小海龟破壳而出（供图／Mr. Frog）

　　我的身上盖着一层厚厚的沙子，柔软而温暖。我滑动四肢，透过沙子的缝隙看到了一缕金色的阳光。"那里是出口！"怀揣着希望，我奋力拨开沙子，尽管只是探出头，但足以让我一窥外面这个新鲜的地方——金黄的沙滩泛着绯红色，上面印着海龟妈妈们的足迹；碧绿的大海映衬着蔚蓝的天空，仿佛遗落人间的仙女在与天上的姐妹翩翩起舞；旖旎的海风中弥漫着淡淡的腥味，和煦的阳光下海鸟自由飞翔。

　　这个世界如此美丽，但又让我有点莫名地紧张，毕竟对于刚刚出生的我而言，眼前的一切都是陌生的。我抖抖身上的沙子，试着去触摸和感受这个陌生的地方。庆幸的是，我并不孤单，因为我有很多小伙伴——放眼望去，沙滩上全是刚出生的小海龟，他们有的跟我长得一模一样，有的不太一样（目前世界上有 7 种海龟，除了绿海龟，还有棱皮龟、玳瑁、平背龟、红海龟、大西洋丽龟和太平洋丽龟）。但也有些不幸的家伙还没来得及破壳，就被细菌钻了空子，夭折了。

海龟的一生充满着各种危险，对于刚出生的我们而言，这个世界更是危机四伏。现在，我们必须以最快的速度冲向海洋，因为有一群贪婪的捕食者在我们出生之前就已在海滩附近等候，随时准备饱餐一顿。螃蟹、野狗、浣熊、海鸥，它们对我们这些初来乍到的小生命没有一丝怜悯，眼里只有想要饱餐一顿的欲望。对这突如其来的"洗礼"，很多小伙伴还没反应过来就一命呜呼了。原本温暖舒适的沙滩，瞬间变成了血腥的屠宰场，距海边几百

〇 在螃蟹巨大的钳子面前，小海龟毫无还手之力，只能惨遭屠戮（供图 / Mr. Frog）

○ 幸存的小海龟冲向大海，暂时赢了这场残酷的生命赛跑（供图 / Mr. Frog）

米的一段短短的旅途成了我们残酷的生命赛场。

尽管还没从噩梦中缓过神来，但我一刻也不敢停留，用最快的速度直奔大海。幸运的我终于爬到了海边，可以暂时松口气了。回过头看看沙滩上，有的小伙伴还在努力向大海爬行，有的则不幸成了捕食者口中的猎物。慌乱之中，他们有的爬向了内陆。"喂！跑错方向了！大海在这边！"我用力喊着，希望他们能听到我的声音。

为了避开海鸥和鱼鹰的偷袭，我和幸存的小伙伴们向大海深处游去。大海是我们的庇护所，在这里我感觉自己的身体变得轻盈，四肢更加敏捷，我也将开始自己全新的冒险之旅！

环游世界

大海真是个神奇的地方，没有边际，望不到尽头。如何在有限的生命里把整个海洋游历一番呢？我们绿海龟家族自有妙招。

洋流是我们迁徙时搭乘的"顺风车"，这种"海水的温舌"为海洋生物从西向东迁移提供了便利。有时候，我们甚至全程顺着洋流到达塔斯马尼亚岛西部。塔斯马尼亚岛海域对处于北部海域的海龟来说太过遥远，刚孵化的我们，只有借助洋流，才能穿越一片片海洋到达那里。所以，除了极地的海域，各个大洋里都有我们的身影。

环游世界的旅途中，我也一天天长大。海龟是海洋里辛勤的

○ 绿海龟已经准备好"搭乘"洋流便车开始环游世界了（供图 / Mr. Frog）

园丁，作为少数以海草为食的大型海洋生物，我们对海草不断进行"修剪"，促使海草更好地生长，众多依靠海草床生存的海洋生物从中受益。饿的时候，我会在海床的珊瑚礁里找些海绵和海藻填肚子；没氧气了，我就游到水面上换换气。在海里，我的呼吸和代谢很慢，因此我可以在水下憋气很长时间，觅食的时候我能在水中停留 5~40 分钟，睡眠状态下则可以达 4~7 小时。

然而，大海并非我们想象中那般安全。尽管我们有异常坚实的甲壳，在大海里天敌较少，但鲨鱼和湾鳄能咬穿我们的外壳，

○一只绿海龟在海床上恬适地吃着海草（供图／Mr. Frog）

○ 不幸被人类的拖渔网缠住并死亡的绿海龟（供图 / Mr. Frog）

章鱼和某些海洋表层鱼类也会捕食我们。虽然我们经常取食有毒的海绵和刺胞动物，身体有相当水平的毒性，可以使这些天敌望而却步，然而这一切都难不倒聪明的人类。

事实上，我们的生存威胁主要来自人类的捕杀。从 20 世纪中期至今，每年大约有 30 多万只海龟被捕杀。此外，还有很多不幸的同伴被人类的渔网缠住，溺死在大海里。19 世纪时，我们海龟家族种群的数量还很庞大。然而今天，除了极少数地区的海龟没有受到威胁外，绝大部分地区的海龟数量都在急剧下降，许多种群甚至濒临灭绝。我们的生存现状岌岌可危，人类俨然已经成为我们最恐怖最难躲避的"天敌"。

归家之路

幸运的我躲过了无数次劫难，当初那个害羞的小女孩，早已出落成亭亭玉立的少女。雌性海龟在海中交配后，往往会经过很长时间的迁徙到达产卵地点，有的雌性甚至会回到自己孵化的海滩产卵。这种归家的冲动，流淌在我们海龟的每一滴血液里。然而，当年离开那片"死亡沙滩"时，只顾着逃命，根本没时间记路。如今，不知过了多少个年头，也不知自己游了多远，

我出生的那个温暖的沙滩还在吗？我还能找到回家的路吗？

有研究认为，我们海龟之所以能迁徙万里找到回家的路，可能是因为我们脑中的磁性物质发挥了类似指南针的作用。识途随老马，我们会跟随有经验的长辈寻找归家之路。就像当年一起从出生的沙滩开始生命之旅，如今我们又不约而同地受到体内本能的驱使，聚在一起

○ 一只绿海龟回到了出生沙滩附近的浅礁（供图 / Mr. Frog）

开始归家之旅。

　　然而，人类对海藻等资源的过度利用以及石油泄漏造成的海洋污染严重破坏了我们的生存环境，直接增加了我们患纤维乳头瘤的概率。纤维乳头瘤几乎能在我们身体的任何部位生长，影响视力和运动，最终使我们在痛苦中死去。

　　尽管归家路上充满无数惊险，我们仍义无反顾。这是一种本能，也是一种勇气。

薪火相传

　　不知经历了多少个日夜的长途跋涉，我们终于回到了当初出生的地方。原来终点就在起点，起点亦是终点。花开总迎春，叶落终归根。

　　由于巨大产卵量和孵化量能增大个体的存活率，因此我们会选择同时产卵。产卵往往在晚上进行，我们必须拖着自己庞大的身体艰难地来到岸上，在海里游动自如的桨状四肢，这时显得十分笨拙。我们只能用鳍肢在沙滩上挖洞，为了防止蛋被捕食者偷食，我们要尽量往深里挖。产卵完成之后，我们会小

○ 回到出生海滩上产卵的太平洋丽龟（供图 / Mr. Frog）

心地用沙子盖住卵，并抹平挖洞的痕迹，还会用植物在巢穴上作伪装，然后精疲力竭地回到大海里。这一刻，我才明白妈妈当初的含辛茹苦，以及薪火相传的真谛。

　　大约2个月后，幼龟从巢穴中孵化出来。那时新的生命又将诞生，新的故事又将开始，生生不息……

○ 一只绿海龟在枯树下产卵，这样龟卵不易被捕食者发现（供图 / Mr. Frog）

龟王国里的
"巨无霸"与"小不点"

撰文／乔轶伦

500g=

=500kg

巨无霸
棱皮龟

　　龟鳖类动物，已经在地球上生活了2亿多年。它们在自己外壳的保护下，经历了冰河时期、全球温度升高、干旱及地壳上升等重重考验，最终存活到了今天。要问世界上最大的龟是哪一种，很多人会联想到推动达尔文进化论的加拉帕戈斯象龟。然而，它并不是现生龟鳖类动物中体型最大的。这篇文章的"大个"主角，是来自海洋的能够长到500千克的巨型龟类——棱皮龟。

○ 棱皮龟是龟鳖类动物中体型最大的

○ 棱皮龟每天能消耗掉相当于自身体重70%的食物

十足的大胃王

　　棱皮龟的主要食物是水母，也吃一些被囊动物和软体动物。它们

是十足的大胃王，每天能消耗掉相当于自身体重 70% 的食物。我们知道，大多数龟类是没有牙齿的，它们依靠口中上下颚的切面来切断、压碎食物。然而，棱皮龟的口腔中却布满了许多参差不齐的如钟乳石般的"牙齿"。这种满口锐利的"牙齿"能使口中的水母不会倒滑，这也意味着，对于各种体型不一的水母，棱皮龟都能来者不拒，全部吃掉。此外，棱皮龟的食道非常长，经过胃部一直延伸到尾部，然后又迂回至胃部。所以整个食道好像传送带一样，不停地运送、储存和消化食物。

与众不同的庞大身躯

棱皮龟在分类上独树一帜，为

○ 早在龟苗时期就不难看出棱皮龟巨大的桨状前肢（供图 / 乔轶伦）

○ 棱皮龟是爬行动物里的潜水冠军（图片来源／CFP）

单科单属单种。和其他龟鳖相比，棱皮龟在身体构造上有很大的不同。它的甲壳并非是骨板与盾片的构造，而是被特化的革质皮肤取代。另外，这身革质皮肤也不像其他龟壳那样平滑，而是有 7 道明显的纵向脊棱，这也正是"棱皮龟"这个名字的由来。

棱皮龟在所有海栖龟类中拥有最符合流体动力学的身形，全身青黑色并点缀着灰白色的斑点。雌性头顶和喉部具有粉红色的色泽，体型也大于雄性。它们的四肢扁平如船桨，只有一个退化脚趾的痕迹。棱皮龟的前肢与身体的比例在所有海龟当中是最大的，这为它们的划水、游泳提供了有力的工具。龟类素以慢速而闻名，但是棱皮龟在水中游起来却十分灵活而迅速，犹如"飞翔"一般，时速可以达到 35 千米！

水中呼吸的秘诀

龟类是用肺呼吸的爬行动物，但现生龟类中约有 70% 的种类营水栖生活，棱皮龟更是一种水栖性极强的龟种。它们一生中几乎所有时间都在海水里度过，只有雌龟产卵时需要上岸。棱皮龟长时间生活在海洋中，除了用肺呼吸外还有哪些呼吸方式呢？

显然，对于棱皮龟等高度水栖

龟类而言，肺不是它们唯一的呼吸器官。它们的口咽腔内壁的黏膜具有可以交换气体的微血管系统，泄殖腔内薄壁的肛囊也可以进行呼吸。即使是在低含氧量的海水里，棱皮龟也不会被憋死，在海底一沉就是20个小时。另外，棱皮龟的肩部还有特殊的逆流热交换供血系统，加上脂肪层的阻隔，使得它们可以下潜到1000米的深海中，这一深度超越了其他所有爬行动物的生理极限。

◯ 棱皮龟的分布很广

和抹香鲸等善于潜水的哺乳动物一样，棱皮龟已经适应了潜水区域的低温以及巨大的压力。

广阔的足迹

在分布范围上，没有一种海龟比棱皮龟分布更广。世界上所有的热带和温带的海洋都出现过这种龟的踪影，而且在寒冷的极地水域也有过它们的记载，它们主要活动于大西洋、印度洋和太平洋的温暖水

○ 棱皮龟的繁殖力
十分惊人

域，繁殖地基本位于北纬 30 度和南纬 20 度之间。索饵个体偶尔可以随海流到达北纬 70 度附近的冰岛及南纬 35 度的乌拉圭。棱皮龟的迁徙距离也比任何海龟都要长，从它们捕食的温带海域向热带海域迁徙，可以长达几个月之久，行程可达 7000 千米。

艰难的处境

棱皮龟每年 5~6 月进入产卵季，雌龟会每隔几年游回到自己的出生地，在夜间爬上沙滩产蛋。它们的繁殖力十分惊人，产蛋量也是所有龟类之首，每次可以产下约 100 枚网球大小的卵，约有 80% 的受精率，一个繁殖季可以产 4~10 窝卵。两个多月后，小棱皮龟便会破壳而出，奔向大海。虽然返回大海生活的小棱皮龟数量很多，但由于成长路上艰难险阻众多，故只有不到 1% 的个体才能长大成龟。另外，全球变暖的趋势也会导致棱皮龟丧失栖息地，使得它们的食物逐渐减少，且生理习性也随之发生改变。因此，保护这一独特的龟种已变得刻不容缓。

○ 奔向大海的小棱皮龟（供图 / 乔轶伦）

小不点
埃及陆龟

在认识完龟中"巨无霸"后，我们再来看一下最小的龟——埃及陆龟。

灵巧的小身材

埃及陆龟是典型的陆龟科种类，有着饱满而高耸的背甲，头部及四肢也覆盖着大型的鳞片。埃及陆龟的龟壳看似简单，其实十分复杂：高耸的背甲和扁平的腹甲由角质的骨板组成。骨板下层是支撑起甲壳的骨骼，就像房屋的龙骨框架一般；骨板表层则是盾片，其本质上是特化的鳞片，就像房屋的瓦片一样，紧密覆盖在盾板上。每种龟的盾片上的颜色、纹路都不一样。

○埃及陆龟四肢覆盖着大型的鳞片（供图／乔轶伦）

知识链接：先呼后吸的"咽气式"呼吸法

陆龟只生活在陆地上，不具备水栖龟类那样复杂的呼吸方式。虽然它们是用肺呼吸的爬行动物，但由于"背"着厚重的壳，所以肺部并不像其他动物那样可以通过自由缩放来完成呼吸，而是以脖颈和四肢的伸缩运动进行呼吸。先呼出气，再吸进气，这种特殊的呼吸方式叫作"咽气式"呼吸，简称"龟吸"。龟的支气管不是逐级分支地进入肺组织，左右支气管直接开口于肺的中央空腔，从网络面游离出来的小支报导管口开放，薄层一样的肺组织由细小支气管网络面支撑，悬浮于中央空腔和背甲下气囊之间，构成了龟的奇特呼吸系统。有时看到陆龟的颈部和四肢伸缩运动，其实那不是在伸懒腰，而是在压迫甲壳内部的气囊，促使中央空腔的支气管进行气体交换。

挑食是有原则的表现

　　埃及陆龟是完全植食性的龟类，而且还很挑食，必须是高钙磷比、高纤维、低蛋白质的食物。它的消化道很长，草食性动物肠道中都有特定的菌群分解纤维，它的肠道内当然也有特定的菌群，需要有高纤维质来增进肠胃蠕动和健全消化功能。埃及陆龟的肠胃不像水龟，它

们不需要动物性蛋白质，即使是植物性蛋白，也是少量摄取为宜，因为它们的活动能力十分有限，过多的蛋白质会令埃及陆龟生长过速。人工饲养的埃及陆龟常会出现背甲上的每枚盾片隆起成鼓包，称之为"隆背"现象，这多是由食物中摄取过多的蛋白质所致。

　　钙质为埃及陆龟骨骼和甲壳生长所需；磷则是生长过程的必要元

○埃及陆龟是完全植食性的龟类（供图/乔轶伦）

○ 埃及陆龟饲养难度很高

素，两者缺一不可。但磷在埃及陆龟体内的含量若和钙相同甚或更多的话，将会抑制钙质的吸收，因为磷被埃及陆龟吸收进体内后，将转化为磷酸盐，此物质将会抑制肠道对钙质的吸收。

天热也要睡觉

就分布而言，埃及陆龟的产区要比棱皮龟局限很多，它的野外分布仅限于埃及、利比亚和以色列这三个国家。由于生活在地中海气候区，埃及陆龟比较适应干燥凉爽的环境。它们在 17~24℃时最为活跃，可以忍耐冬季 10℃的低温；若气温超过 30℃，活动力就会降低，可能会进入夏眠状态。

急需保护的小生命

埃及陆龟在陆龟科中属于比较脆弱，饲养难度很高的种类。在环境或饮食上的些许改变都可能造成死亡。它们对病菌的抵抗力也很差。另外，它们在野外的分布狭小，种群数量十分有限，非法捕捉及宠物贸易威胁着它们的生存。

立夏遇见南岭之
——夜晚精灵

撰文／张小蜂

　　夏天的雨总是不期而遇，若是赶上了一场雨，那可不要错过在芦苇丛上开音乐会的夜晚精灵！这个时候，你需要小心地打开电筒，慢慢地凑近，或许会寻找到一些雨后精灵。

　　像这种动物就非常喜欢在夜晚出没，它叫中华珊瑚蛇。它们喜欢四处游走，我们偶尔会在路边见到它们的行踪。这种蛇类主要通过捕捉其他蛇类为生。在发现其他蛇类后，它会迅速地扑咬上去，用前沟牙向猎物体内注射具有神经麻痹作用的毒液，待猎物被麻痹致死后，再从头部将其吞食下去，凶猛得很。

○中华珊瑚蛇（绘图／云中山人三淼）

夏夜，怎么拍蛇

撰文／张海华

目前，夜拍作为生态摄影的一种，逐渐在国内流行开来。拍摄的对象，主要是野外那些喜欢夜间活动的动物。近几年，我经常利用春夏季的周末夜晚，到山中拍摄蛇类等小动物。

夜拍需要哪些器材

夜拍对器材及附件的要求十分讲究。 如果你对夜拍器材要求高的话，建议准备：数码单反相机、微距镜头、广角镜头、水下相机、闪光灯、柔光罩、高亮手电、潜水手电、头灯、章鱼三脚架等。 当然，并不是说大家都得有这么多的器材才能展开夜拍，最简单的夜拍器材其实很好收集，一支高亮度的手电以及一部具备微距功能的小相机，也能拍出画质不错的夜拍作品。

夏日夜拍拍什么

对于夜拍新手而言，我建议从家附近熟悉的地方开始尝试。比如，可以去原生态环境较好的城市公园与住宅小区练手，都是不错的选择。一般来说，植被茂盛的树林，或者类似

○ 部分夜拍器材（摄影／张海华）

○ 用微距镜头拍摄的蜥蜴，看起来萌萌的

于小型湿地环境的地方，是开展夜拍的最佳选择。

在积累了一定的经验之后，我们可以选择到郊外或山区夜拍。

夜拍怎么拍好看

如果你能熟练操控数码单反相机，便已经具备了夜拍的基本要求。你可以使用微距镜头配合闪光灯进行拍摄。最简单的做法，就是在机顶使用一支外置闪光灯（为了让闪光比较柔和地输出，最好加装柔光罩）。相机曝光档建议使用 M 档，由于专业微距镜头的景深很浅，所以，一般需要用小光圈进行拍摄。我夜拍时比较常用的组合是：ISO200，F11，1/200s。

当然，这仅仅是指用微距镜头以很近的距离拍摄爬行动物（焦点要对在其眼睛上）。需要注意的是，该曝光组合不太适用于在较远距离进行拍摄。

夜拍需要熟练的布光及用光技巧，要求拍摄者最好能玩转闪光灯。你也可以使用双灯进行拍摄：一支为主灯，装在单反相机的顶上；另一支为副灯，装在灵活小巧的章鱼三脚架上。这样可以在拍摄时，通过主灯无线引闪副灯的方式，为拍摄对象"布光"，营造比较立体的光线，如各种逆光、侧逆光的效果。另外，也可利用双头微距灯进行拍摄。

注意危险！夜拍安全须知

夜拍与在白天摄影完全不一样，需要提前做好充分的准备工作。在拍摄前期，最好先在白天勘察好地形，以免夜晚贸然进入陌生的地方发生意外。另外，夜拍具有一定的危险性，最好几个人一起去，方便相互照应。如果没有具备丰富经验的夜拍爱好者陪同，新手最好不要贸然尝试到野外

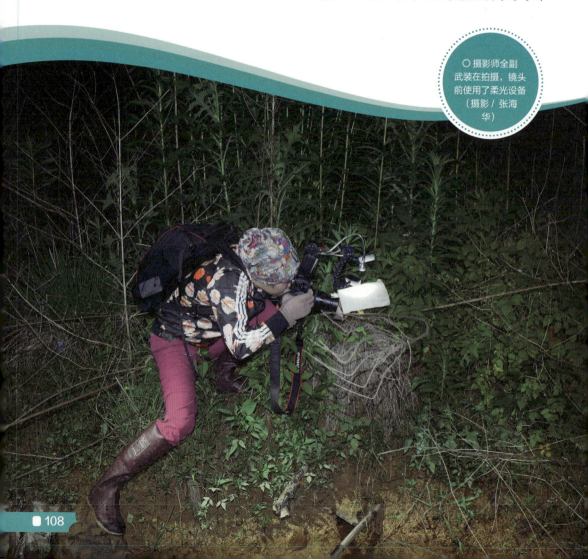

○ 摄影师全副武装在拍摄，镜头前使用了柔光设备（摄影／张海华）

○ 摄影师在竹林里拍摄毒蛇竹叶青（摄影／张海华）

夜拍，尤其是青少年朋友，切勿轻易尝试。

○ 竹叶青盘踞在被无线引闪的闪光灯上（摄影／张海华）

同时，夜拍者自身也得"全副武装"，不管天气多热，最好穿高帮雨靴、长袖衣服，并把袖口扎紧，以严防蚂蟥、蚊虫以及毒蛇的"亲吻"。在寂静的黑夜里展开夜拍，树林或草地里隐藏着人们难以迅速判断的危险，比如很多毒蛇具有极好的保护色，当它静静地盘在某个角落的时候，不仔细看是很难发现的。因此，夜间在野外行走，最重要的是记住一个字——慢。夜拍时千万不能急，具体来讲，未经确认，脚不要随便踩，手更不能随便搭在周围的物体上。这些，都是经常夜拍的人总结出的宝贵经验和必须遵守的准则。

○ 茂密的热带雨林，遮天蔽日，各种植物都在争夺阳光
（摄影 / 张海华）

夜探西双版纳热带雨林

撰文✕张海华

　　夏天到西双版纳旅行是一种怎样的体验？还记得那是 7 月中旬，我们一家三口的版纳之行不是说走就走，而是一次有计划的"博物旅行"。我们很少去游览各种常规的景点，而是花更多的时间，去观察热带雨林中的蛙类、蛇类、鸟类、兰花等各种奇妙的物种……印象特别深刻的，是带着女儿夜探热带雨林，这也带给我们非常难忘的体验。

○ 从村庄通往热带雨林的吊桥（摄影／张海华）

坡普氏竹叶青
——中国蛇类新纪录

我们赶到西双版纳热带植物园所在的勐仑镇。当天晚上，我和女儿航航还有两位同样对博物旅行感兴趣的朋友，一行4人驱车十几千米，来到一片热带雨林。我们走过横跨溪流的吊桥，进入林中小路。

紧接着，我们在小路两旁，接连见到了十几条竹叶青蛇，那密度简直可以用"三步一哨，五步一岗"来形容。这种毒蛇通体碧绿，相当漂亮。而且，它们性格温柔，都是非常安静地待在路边石头上，或缠绕在小树枝上。它们都将头朝下，固定一个姿势守株待兔，等待着捕食的机会。

目前，分布在国内的竹叶青蛇有多种，其中，分布最广也最常见的是福建竹叶青。我曾经拍到过白唇竹叶青、冈氏竹叶青等种类。但直到2015年年底我才确认，我在西双版纳偶遇的这种竹叶青，其实是"坡普氏竹叶青"，是2015年才发布的中国蛇类新纪录，也是国内分布最少的竹叶青种类。

○ 守株待兔的坡普氏竹叶青（摄影／张海华）

飞蜥
——会飞的"绿色蜥蜴"

次日晚，朋友小顾带着我夜探西双版纳植物园中的绿石林景区。刚进入景区栈道，小顾就说："看，一条飞蜥！"我打开手电，果然见到一条长达十几厘米的绿色蜥蜴，它正沿着大树的主干从上往下慢慢行走。起初，我觉得它与平常的蜥蜴并没有太大的不同。后来，估计是因为受到了我们闪光灯的惊扰，它猛地跳到地面，

这时我看到，它的腹部仿佛一下子变宽了。原来，这变宽的部分，正是其翼膜的一部分。

原来，这只形态奇特的蜥蜴是飞蜥。其体侧长着多对由延长的肋骨支持的翼膜。飞蜥常在树上活动，比较少在地面活动。当它在树上爬行觅食昆虫时，它的翼膜会像扇子一样折向体侧；当它在林间从高处往低处滑翔时，其翼膜就会向外展开，以增加空气的浮力。它在滑翔时可改变方向，但不能由低处飞向高处。

○ 西双版纳热带植物园中的飞蜥
（摄影 / 张海华）

○ 飞蜥变宽的腹部，正是其翼膜的一部分（摄影 / 张海华）

"大壁虎"蛤蚧：长相奇特的濒危物种

继续前行，忽然见到一只"大壁虎"。当时它正在栈道边缘活动，当手电光照过去的时候，它就机灵地躲到了林中栈道下。我们钻入栈道下，只见这只"大壁虎"身体粗大，长度也比成人的手掌还长。仔细看它的头部，灰绿的底纹上面遍布橙黄的斑点，瞳孔跟一些蛇类一样是竖着的，虹膜遍布细纹，看上去就像是外星生物。

后来我们才看清楚，这只"大壁虎"刚蜕过皮，身上还残留着老皮，因此身体还比较羸弱，行动不是特别灵活，由此才给了我们近距离拍摄它的机会。"大壁虎"俗称蛤蚧，由于是药用动物的一种，它们长期以来被人类大量捕捉，野生种群数量急剧减少，目前已面临濒危的窘境。

○ "大壁虎"的头部特写（摄影／张海华）

闪鳞蛇：
闪现金属光泽的小精灵

在勐腊县的雨林中，我见到了一条小蛇在落叶堆里穿行。我立即将镜头对准了它，当闪光灯亮起，这条小蛇的身上忽然反射出五彩的光泽。

○ 西双版纳植物园栈道下的"大壁虎"（摄影／张海华）

这是条会"闪光"的蛇！我大吃一惊，赶紧用相机记录下它的身影。后来，我向国内的博物学者请教。经过专家确认，这是条闪鳞蛇，这种蛇的鳞片在光照下会闪现出如彩虹般的金属光泽，在国内相当少见，拍到它需要极好的运气。

○ 反射出五彩光泽的闪鳞蛇（摄影／张海华）

奇特的青藏高原
两栖爬行动物

撰文／王剀

○摄影／王剀

提起青藏高原的自然环境，大多数人脑海中都会浮现出一望无际的羌塘草原，提起生活在青藏高原的野生动物，你可能会想起大型的哺乳动物及鸟类，然而，你能把热带雨林和热带树蛙、蛇类以及鬣蜥和青藏高原联系起来吗？其实，这片土地的生态和生物多样性远远超乎了你的想象。

青藏高原地区位于我国西部，包括了西藏自治区、青海省、云南省、四川省在内的广袤地区。作为印度板块和亚欧板块碰撞的直接产物，青藏高原拥有着复杂的地质历史和结构。如此复杂的地质创造了青藏高原多样的生态系统，包括高海拔草甸、苔原和沙漠，中海拔的针叶林、针阔叶混交林及温带落叶阔叶林，低海拔的热带、亚热带常绿阔叶林，以及东部海拔过渡区域横断山的高山峡谷等。其中藏南的热带、亚热带雨林和藏东的横断山系，更是代表了两个全球生物多样性热点地区。青藏高原多样的生态系统孕育着叹为观止的生物多样性，成为了大量特有、珍稀物种最后的伊甸园。

○ 墨脱雨林（摄影／王剀）

○ 高寒苔原（摄影／王剀）

然而，虽然这片土地早已受世界瞩目，但青藏高原的生物多样性研究却长期处于滞后状态，部分地区甚至一直未被学者涉足。自2012年，我有幸和中国科学院昆明动物研究所的研究人员一起，参与了青藏高原的两栖爬行动物多样性调查。经过历时3年的野外调查和后期研究，我们发现和描述了大量未被科学认知的新物种，向世人揭示了这片土地叹为观止的两栖爬行动物的多样性。现在，就让我带领大家走近不一样的青藏高原，了解这片圣地鲜为人知的生态系统和生活在其中的奇特的两栖爬行动物。

定位：横断山区的高山河谷

从云南昆明出发，进入青藏高原的第一站就是滇西北－藏东的横断山区了。受高原主体隆起的挤压，这一区域的河流及山脉呈现出特殊的"褶皱状"，山脉河流相间，呈南北走向，形成了奇特的三江并流景观：怒江、澜沧江和金沙江在不过70千米的区域内近乎平行流淌，其间被高黎贡山、云岭－宁静山及大雪山分隔。强烈的造山运动挤压造就了横断山区独具特色的高山峡谷景观，从河谷江面至山顶海拔落

差可达2千米。伴随着这一独特地质景观的是横断山区立体多样的生态系统。江边河谷干燥炎热，夏季常有酷热干燥的"焚风"；而两栖爬行动物的栖息地以干燥碎石滩及带刺灌丛为主，鲜有树木生长。

○ 横断山间的澜沧江河谷（摄影／王剀）

即便是这样酷热干燥的河谷，也有可观的两栖爬行动物多样性。其中最容易发现的，莫过于攀蜥了。这些不过20厘米长的小蜥蜴们常匍匐于河边的大石头上，或惬意地享受日光浴，或激动地点着头、做"伏地挺身"运动，宣示着自己对周围领地的主权。

○ 帆背攀蜥（雌性）（摄影／王剀）

○ 帆背攀蜥（雄性）（摄影 / 王剀）

○ 翡翠攀蜥（雄性）（摄影 / 王剀）

相较于蜥蜴，干热河谷中的蛇类多样性就低很多了。黑眉曙蛇和王锦蛇作为中国分布最广的蛇类，遍布我国南方各地；而在高原，它们为了适应当地稀缺的植被，进化过程中也被迫放弃华南地区家族"亲戚"艳丽的黄色斑纹，披上了棕褐色的"迷彩服"，以此来更好地伪装自己。高原蝮是这一地区特有的有毒蛇，它们经常栖息于河谷周边的灌丛石滩中。三角形的脑袋和粗短的尾巴是它最明显的鉴别特征。虽然有毒，但它并不会主动攻击人，往往只是慵懒地盘在石堆中，即便受到惊扰也是选择逃离。

○ 翡翠攀蜥（雌性）（摄影 / 王剀）

定位：西藏 - 青海高原主体

沿着 317 国道继续向西北前进，就进入到西藏自治区的高原部分了。两栖爬行动物中不少顽强的"拓荒者"仍然适应了这里艰苦的环境，并在这里繁衍生息。

温泉蛇算西藏不受关注的两栖爬行动物中知名度较高的了。作为全世界海拔分布较高的蛇类，温泉蛇栖息于西藏海拔 3700 米以上的高寒地带。虽然名字中包含一个"温泉"，但其实温泉蛇并不直接在温泉中生活，而是生活在温泉周边的河流和草甸中，它们通常以水中的高原鳅和高山蛙为食。白天，温泉蛇多在河边晒太阳热身，当身体温暖，达到捕食的最佳状态后，它们便会扎入冰冷的水中寻找猎物；等吃饱喝足，它们会懒洋洋地爬上岸，借着石块或沙滩的温度消化猎物。

冬季降雪时，温泉蛇则会钻入温泉周边的缝隙或土洞中，借助地热来熬过高原严寒的冬季。

○ 西藏温泉蛇（摄影／王剀）

如果你拜访过位于拉萨的布达拉宫和色拉寺，你或许就曾和高原上体型最大的鬣蜥——拉萨岩蜥有过擦肩而过。这些体型超过 30 厘米的大家伙喜欢栖息于高原裸露的石山上，侧扁的体型帮助它们将身体挤进石缝中，以躲过猛禽等天敌的捕食。在布达拉宫外围和色拉寺后面的石山上，你就能见到这些高原特有的小恐龙。岩蜥和攀蜥一样，也拥有性二态：雄性体色多为褐色或黑色，背部带有不规则浅色斑点，而雌性则多为浅棕色或棕黄色，带有深色横纹。高原上一切食物都很宝贵，所以，拉萨岩蜥就没有河谷中的攀蜥那么"挑食"，昆虫、植物嫩芽、野花统统都在拉萨岩蜥的"菜谱"之中。

定位：
藏东南亚热带、热带森林

青藏高原真正两栖爬行动物极丰富的地区，还数西藏自治区东南部低海拔潮湿温暖的热带、亚热带森林。

藏东南热带、亚热带雨林中还拥有种类众多的爬行动物。2012 年，我们还和华南濒危动物研究所的科研人员一起，在我国西藏自治区与尼泊尔的边界小镇发现了一种未被科学家认知的大型原矛头蝰蛇，此后，它正式被定名为"喜山原矛头蝰"。

○ 来无影去无踪的"草上飞"——黑线乌梢蛇（摄影／王剀）

结论 不是只有在国外纪录片中的非洲和南美才有多样的野生动物，在我国，残留于荒野中的生灵同样丰富而美丽，而且很多物种至今仍未被世人了解，等待着学者的探索发现。让我们关注这些可爱的荒野生灵，别让它们在被发现之前就悄然灭绝。关注中国本土生物多样性，就是对野生动物保护最大的支持！

如何运用"科学摄影"拍好两栖爬行动物

撰文 / 王剀

　　若你经常去郊外游玩，可能会遇到各种类型的爬行动物。无论是遇到在草丛中晒太阳的蜥蜴，或遇到在湖边荷叶上匍匐的青蛙，相信但凡热爱自然的人都想掏出相机记录一番。

什么是科学摄影

　　以拍摄动物类科学照片为例，科学摄影的目标，就是尽可能全面、清晰地展现被拍摄对象的形态特征，为动物分类学家提供关键的鉴别特征信息，记录被拍摄对象鲜为人知的自然行为或生态学知识。

○ 翡翠攀蜥
（摄影 / 王剀）

○ 滑腹攀蜥（摄影／王剀）

种类各异的爬行动物要怎么拍

　　拍摄两栖爬行动物时，需要注意清晰地展示它们的形态特征。

　　针对部分特定类群的物种，如壁虎、石龙子、蝾螈等，由于它们的形态特征过于保守，不容易区分，因此，拍摄时往往需要结合它们的产地信息才能准确定种。

　　特写可以很好地展示整体照中无法展示的细节，对于物种鉴别至关重要，如图中攀蜥喉部的颜色和斑纹形状，就是该类群物种鉴别的主要依据之一。

○ 帆背攀蜥（摄影／王剀）

两栖爬行动物也需"摆拍"

科学摄影要求摄影师依据需要调整动物的姿势，因此捕获和控制被拍摄的对象也是一大挑战。

对于身体比例中尾部占比例较长的蜥蜴和蝾螈，拍摄时可以让其尾部自然向身体侧弯曲靠拢，便于构图拍摄。

尽管在科学摄影的过程中，往往需要人为干预两栖爬行动物的自然生活状态，但仍然应避免对野生

○ 陇川大头蛙的腿部特写（摄影 / 王剀）

动物的过度刺激。同时除非是特殊科研需要，拍摄后带走的应该只是照片，而不是被拍摄的两栖爬行动物本身。

○ 陇川大头蛙（摄影 / 王剀）

立冬邂逅海岛精灵

撰文／张小峰

立，建始也；冬，终也，即冬天自此开始，要开始将收获的作物储藏起来了。每年的立冬时间大约是公历 11 月 7 日或 8 日。立冬过后，白昼时间继续减少，夜晚将更加漫长。这时，我国的东三省及西部青藏高原等地早已迎来白雪皑皑的景象，与此形成强烈对比的是华南大地，尤其是位于北回归线以南、地处热带北缘的海南岛。这里仍然是鸟语花香，虫鸣蛙叫，生机盎然，似乎冬天向来与海南岛无缘。

由于两栖爬行动物不能调控自身体温，它们的体温随周围环境温度而变化。因此，生活在温带地区的两栖爬行动物，每年秋天必须大量进食以储存脂肪，这样才能安全地在洞穴中度过寒冷的冬天。而生活在热带地区的两栖爬行动物则不然，除了极端气候外，它们几乎全年都可以外出活动，这就大大增加了我们遇到它们的概率，其中最容易见到的就是变色树蜥了！

不管是在海口这种喧闹城市广场的乔木上，还是在尖峰岭、霸王岭这种被森林环绕的自然保护区，都能见到变色树蜥趴在树枝上一动不动地晒太阳。雄性的变色树蜥在兴奋时或是发情期，头部和身体前半段还会显现出浓烈的红色，像喝多的酒鬼一般。一旦有入侵者擅自闯入它的领地，它便会以不断点头的方式向入侵者发出警告：这是我的地盘儿，你最好赶紧离开。当然，如果对手太强大，逃之夭夭仍不失为一种保命的上上策。

如果你有机会深入海南中部五

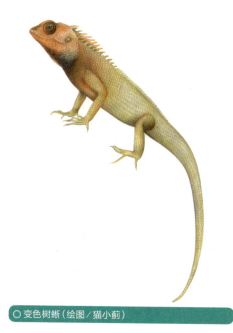

◯ 变色树蜥（绘图／猫小蓟）

○ 尖鳞原矛头蝮（绘图／猫小蓟）

指山脉的各大保护区，则可能与更多种类奇特的两栖爬行动物意外邂逅，不过这里也暗藏杀机。尖鳞原矛头蝮便是一种体形修长、行动灵活的管牙类毒蛇，它身体前半段在受到威胁时会呈明显的 S 状，而位于眼睛与鼻孔之间的颊窝，能帮助它准确定位周围能产生热量的物体的位置、大小及移动方向，弥补视觉不佳的不足。它的毒牙长度更是在国内毒蛇种类中数一数二的，若不小心被它咬上一口，即使保住性命，也难免会落下末梢神经永久坏死等后遗症。所以，到林木草间进行自然观察时，千万记得穿长衣长裤，并尽量穿高帮鞋子。尤其是柏油路面被照射一天后，晚上会释放出很多热量，尖鳞原矛头蝮晚上最喜欢盘踞于路边暖身子，因此夜探时要注意不要被咬到。

不过话说回来，相比人被蛇咬到的概率，蛇倒是更容易被过往的车辆辗压致死，称为路杀。所以，如果能在保证自己安全的前提下，用长长的树枝将路边休息的蛇等动物赶回林子，倒是减少了它们被路杀的概率。

怎么样，是否觉得立冬后，能在海南岛与如此之多的物种约会，是件非常值得期待的事呢？赶快收拾行李，让我们在立冬之时与海岛精灵美丽邂逅吧！

○ 雌海龟将蛋埋在沙滩中，在一周的孵化后，小海龟开始了它们的迁徙之旅

迁徙：关于承诺的故事

撰文／几又

　　每年总有那么几篇新闻报道的标题是这样的——"上万只青蛙游街，引起居民恐慌"，其实绝大部分时候，这并非所谓的"地震预警"，而是青蛙、蟾蜍等两栖动物们正常的季节性迁徙。繁殖季节，青蛙会从水流湍急的河流中迁移到水流缓慢的河流、湖泊或者池塘里，因为这种静水的环境更适合产卵和受精。而到寒冷的冬季，一些蛙类还会结伴前往冬眠地。这些迁移一般都是短距离的，可能只有 1.5 ~ 3 千米，与那些迁徙上千万千米的动物相比，简直是小巫见大巫，即使这样，也是每年不得不兑现的承诺。

　　另一类有冬眠习惯的动物类群——爬行类，也有着五花八门的迁徙习惯。其中，最著名的例子要算是绿海龟了。绿海龟常年徜徉在海洋里，分布在大西洋的绿海龟主要在巴西近海觅食，到了繁殖季节，成群的海龟在本能的驱使下，遨游 2000 多千米，回到一个名叫阿森松的小岛上的出生地繁育下一代。母龟们在小岛沙滩上挖一个洞，产下龟蛋后，又匆匆离开。等到小龟破壳而出，它们要奋力爬行，借着潮汐，回到大海，不然在沙滩上暴露太久就会葬身于天敌鸟类的利爪之下。

○ 加拉帕戈斯象龟，世界上最大的陆龟

在加拉帕戈斯群岛上生活着世界上最大的陆龟——加拉帕戈斯象龟。别看它们身形笨重缓慢，在它们长达 200 多岁的寿命里，也要经历无数次的迁徙。不同于其他动物在水平距离上的迁徙，这种象龟有着奇特的垂直迁徙。垂直迁徙就是动物在不同海拔的区域进行迁徙活动。其中最著名的就是海洋中的浮游生物白天降到水下层，晚上回到水表层的昼夜垂直迁移。而象龟又是另外一番方式。繁殖季节来临时，象龟从山上一路缓步到沙滩，待到产蛋后又回到更加湿冷的火山高地。而它们的迁徙路线由于多世代象龟的努力，也走出了一条条的"龟公路"。

○ 加拉帕戈斯群岛

加拉帕戈斯群岛是由7座大岛屿、23个小岛和50多个岩礁组成，位于太平洋中。几百万年来，加拉帕戈斯群岛几乎没有发生过变化。持续发生的地震和火山活动，还有群岛之间的分离状态，促使了地球上一些最罕见物种的生长。所有的加拉帕戈斯爬行动物、半数鸟类、32%的植物、25%的鱼类以及许多无脊椎动物都未在其他地方发现过。洋流、冷暖水流汇合、温暖的气温、丰富的降雨量以及缺少猎食者都促成了这群独特物种的进化，是世界上难得的"活的生物进化博物馆"。达尔文1835年到访这里，此处特有的海鸟、雀鸟激发了他之后创立演化理论的灵感。

巴克里索
莫雷诺港
Puerto
Baquerizo
Moreno

圣克里斯
托巴尔岛
Isla de San
Cristóbal

图书在版编目（CIP）数据

爬行动物 / 《知识就是力量》杂志社编. — 北京：
科学普及出版社，2017.6
　（博士带你玩）
　ISBN 978-7-110-09558-4

　Ⅰ．①爬… Ⅱ．①知… Ⅲ．①爬行纲－青少年读物
Ⅳ．①Q959.6-49

中国版本图书馆CIP数据核字（2017）第114901号

总　策　划	《知识就是力量》杂志社
策　划　人	郭　晶
责任编辑	李银慧
美术编辑	胡美岩　田伟娜
封面设计	曲　蒙
版式设计	胡美岩
责任校对	杨京华
责任印制	徐　飞

出　　版	科学普及出版社
发　　行	中国科学技术出版社发行部
地　　址	北京市海淀区中关村南大街16号
邮　　编	100081
发行电话	010-62173865
传　　真	010-62173081
网　　址	http://www.cspbooks.com.cn

开　　本	720mm×1000mm　1/16
字　　数	182千字
印　　张	8.75
版　　次	2017年6月第1版
印　　次	2017年6月第1次印刷
印　　刷	北京盛通印刷股份有限公司
书　　号	978-7-110-09558-4/FG·14
定　　价	39.80元

（凡购买本社图书，如有缺页、倒页、脱页者，本社发行部负责调换）

本书参编人员：李银慧、齐敏、朱文超、房宁、王滢、王金路、江琴、纪阿黎、刘妮娜